Sitzungsberichte der Heidelberger Akademie der Wissenschaften
Mathematisch-naturwissenschaftliche Klasse
Jahrgang 1991, 1. Abhandlung

Frank Räbiger

Absolutstetigkeit und Ordnungsabsolutstetigkeit von Operatoren

Vorgelegt in der Sitzung vom 30. Juni 1990 von Helmut H. Schaefer

Springer-Verlag Berlin Heidelberg GmbH

Dr. Frank Räbiger
Mathematisches Institut der
Universität Tübingen
Auf der Morgenstelle 10
W-7400 Tübingen

ISBN 978-3-540-53565-2 ISBN 978-3-662-00891-1 (eBook)
DOI 10.1007/978-3-662-00891-1

Ursprünglich erschienen bei Springer-Verlag Berlin Heidelberg New York 1991

25/3140-543210 – Gedruckt auf säurefreiem Papier

Meinem verehrten Lehrer
Helmut H. Schaefer
zum 65. Geburtstag gewidmet

Inhaltsverzeichnis

Einleitung

Mitte der siebziger Jahre führte C.P.Niculescu in den Arbeiten [**Ni1**] und [**Ni2**] ein Absolutstetigkeitskonzept für stetige, lineare Abbildungen[1] zwischen Banachräumen ein. Sind E, F und G Banachräume und ist T ein Operator von E nach F und S ein Operator von E nach G, dann heißt T *absolutstetig bezüglich* S, wenn die nachstehende Bedingung erfüllt ist:

(*) Zu jedem $\varepsilon > 0$ existiert eine Zahl $N_\varepsilon \geq 0$, so daß
$\|Tx\|_F \leq N_\varepsilon \|Sx\|_G + \varepsilon \|x\|_E$ für alle $x \in E$ gilt.

Diese Definition gründet sich auf eine besondere Eigenschaft schwach kompakter Operatoren auf Räumen stetiger Funktionen $C(K)$[2], die von R.G.Bartle, N.Dunford und J.Schwartz in der grundlegenden Arbeit [**BDS**] nachgewiesen wurde. Hierbei handelt es sich um eine Absolutstetigkeitsbedingung zwischen bestimmten Maßen, woraus sich auch der Begriff "Absolutstetigkeit" in der obigen Definition erklärt.

Aus diesen Resultaten von R.G.Bartle, N.Dunford und J.Schwartz ([**BDS**]) folgt, daß ein Operator T auf einem Raum $C(K)$ genau dann schwach kompakt ist, wenn T absolutstetig bezüglich eines absolutsummierenden Operators S ist. Dieses war für C.P.Niculescu der Anlaß, in [**Ni2**] die Klasse $\mathfrak{AC}$ der Operatoren T, welche absolutstetig bezüglich eines absolutsummierenden Operators S sind, genauer zu untersuchen. Operatoren dieser Klasse besitzen ähnliche geometrische Eigenschaften und ein ähnliches Stetigkeitsverhalten wie schwach kompakte Operatoren auf Räumen stetiger Funktionen.

Einen tieferen Einblick in diese Zusammenhänge vermittelt ein Resultat von H.Jarchow und A.Pełczyński ([**Ja1**]), welches eine Beziehung zwischen der Absolutstetigkeitsbedingung (*) und der abgeschlossenen, injektiven Hülle eines Operatorenideals herstellt. Dieses Ergebnis kann als eine weitreichende Aussage über das Erblichkeitsverhalten absolutstetiger Operatoren verstanden werden.

Mitte der achziger Jahre beschäftigte sich U.Matter ([**Ma1**]) im Rahmen seiner Dissertation intensiv mit der Absolutstetigkeit von Operatoren. Die dort angestellten

[1] Im folgenden schreiben wir für eine stetige, lineare Abbildung kurz Operator.

[2] $C(K)$ bezeichnet den Banachraum der reellwertigen, stetigen Funktionen auf einem kompakten, topologischen Raum K.

Untersuchungen führte er zum Teil in Zusammenarbeit mit H.Jarchow in mehreren Arbeiten weiter ([**JaM1**], [**Ma2**], [**Ma3**], [**JaM2**]). Das Hauptaugenmerk dieser Arbeiten richtet sich auf Problemstellungen innerhalb der Geometrie der Banachräume und auf Fragen zur Faktorisierbarkeit von Operatoren. Die Argumentation stützt sich wesentlich auf Techniken aus dem Bereich der Operatorenideale, wobei eine von U.Matter in [**Ma1**] eingeführte "Interpolationsmethode für Operatorenideale" eine zentrale Rolle spielt.

In der vorliegenden Arbeit beschäftigen wir uns mit zwei unterschiedlichen Absolutstetigkeitsbegriffen. Der erste beruht auf einer leichten Verallgemeinerung von C.P.Niculescus Definition der Absolutstetigkeit und wurde unabhängig von unseren Untersuchungen ebenfalls von H.Jarchow und U.Matter ([**JaM2**]) betrachtet. Als verbandstheoretische Variante hierzu führen wir für Operatoren auf Banachverbänden den Begriff der Ordnungsabsolutstetigkeit ein. Der Nachweis von Erblichkeitsaussagen für absolutstetige und ordnungsabsolutstetige Operatoren ist ein Schwerpunkt dieser Arbeit, während das Auftreten der Absolutstetigkeit in der Interpolationstheorie und die sich daraus ergebenden Konsequenzen den zweiten Schwerpunkt unserer Untersuchungen bildet.

Die Arbeit gliedert sich in fünf Kapitel, wobei Kapitel 0 zur Festlegung der Notation und zur Bereitstellung von Hilfsmitteln dient.

In Kapitel I führen wir den Begriff der Absolutstetigkeit eines Operators bezüglich eines Paars von Operatoren ein (§1, siehe auch [**JaM2**]). Wir zeigen an Beispielen, daß der neu eingeführte Begriff in sehr unterschiedlichen Bereichen der Analysis auftritt (§1). Eine geometrische Beschreibung der Absolutstetigkeit (§2) bildet das Fundament für die weiteren Untersuchungen. Wir erhalten damit, daß sich unter gewissen Bedingungen an die betrachteten Räume und Operatoren jeder zu einem Paar (S, R) absolutstetige Operator durch Operatoren der Gestalt QS approximieren läßt (§3). Dies führt auf das bereits erwähnte Resultat von H.Jarchow und A.Pełczyński ([**Ja1**]) bzw. auf eine von H.Jarchow und U.Matter ([**JaM2**]) stammende Verallgemeinerung davon (§4). Als Konsequenz ergeben sich Erblichkeitsaussagen für absolutstetige Operatoren (§4). Schließlich untersuchen wir noch Normabschätzungen, welche die Absolutstetigkeit zwischen Operatoren beschreiben (§5).

In Kapitel II beschäftigen wir uns mit der Absolutstetigkeit von Operatoren im Bereich der Interpolationstheorie. Die Untersuchungen von U.Matter und H.Jarchow ([**Ma1**], [**Ma2**], [**Ma3**], [**JaM2**]) und Ergebnisse von R.D.Neidinger ([**Ne2**]) und M.Mastyło ([**M**]) weisen auf eine natürliche Beziehung zwischen Interpolation und Absolutstetigkeit hin. Wir stellen zunächst eine Verbindung zwischen bestimmten Interpolationsmethoden und der Absolutstetigkeit von Operatoren her (§7). Die dabei angestellten Betrachtungen wurden zum Teil durch Ergebnisse von M. Mastyło ([**M**]) angeregt. Als Anwendung der Ergebnisse von §4 ergeben sich Erblichkeitsaussagen für interpolierte Operatoren, welche Resultate von J.-L.Lions und J.Peetre ([**LP**]) und S.Heinrich ([**He**]) verallgemeinern (§7). Mit Methoden, die R.D.Neidinger in [**Ne1**] und [**Ne2**] entwickelt hat, erhalten wir zusätzliche Aussagen über die Struktur von Interpolationsräumen und das Erblichkeitsverhalten interpolierter Operatoren (§8). Zum Abschluß des zweiten Kapitels führen wir eine Interpolationsmethode ein, welche die reelle Interpolationsmethode von J.-L.Lions und J.Peetre ([**LP**]) umfaßt. Wir wenden darauf die Ergebnisse von §7 und §8 an und gelangen so zu Verallgemeinerungen von Resultaten von B.Beauzamy ([**B2**]), R.D.Neidinger ([**Ne2**]) und M.Mastyło ([**M**]).

Für Operatoren auf Banachverbänden definieren wir in Kapitel III als verbandstheoretische Variante der Absolutstetigkeit den Begriff der Ordnungsabsolutstetigkeit (§11). Wir erhalten damit einen etwas schwächeren Absolutstetigkeitsbegriff, jedoch führt die Einbeziehung der Ordnungsstruktur in manchen Fällen zu wesentlich einfacheren Aussagen. Beispielsweise ist ein Operator auf einem Raum $C(K)$ genau dann schwach kompakt, wenn er ordnungsabsolutstetig bezüglich einer stetigen Linearform ist (§11). Weitere Beispiele geben Auskunft darüber, wo der neu eingeführte Absolutstetigkeitsbegriff noch eine Rolle spielt (§11). Ebenso wie die Absolutstetigkeit (siehe §2) läßt sich auch die Ordnungsabsolutstetigkeit geometrisch beschreiben (§12). Eine Anwendung hiervon führt auf eine Charakterisierung ordnungsschwach kompakter Operatoren (§12, siehe auch [**Ni3**]). Als nützlich erweist sich die Tatsache, daß die Ordnungsabsolutstetigkeit auf die Absolutstetigkeit (allerdings bezüglich eines anderen Paars von Operatoren) zurückgeführt werden kann (§13). Dadurch lassen sich die Ergebnisse des ersten Kapitels auch im Fall der Ordnungsabsolutstetigkeit anwenden. Diesen Umstand benutzen wir unter anderem für den Nachweis von Erblichkeitsaussagen für ordnungsabsolutstetige Operatoren (§14). Den Abschluß des dritten Kapitels bilden Untersuchungen zur Approximierbarkeit schwach kompakter Operatoren durch L_p-faktorisierbare Operatoren (§15). Aus Ergebnissen von C.P.Niculescu ([**Ni1**], [**Ni2**]) und von H.Jarchow und A.Pełczyński ([**Ja1**]) folgt, daß jeder schwach kompakte Operator auf einem Raum $C(K)$ der Norm-Limes von L_p-faktorisierbaren Operatoren ist, $1 \leq p < \infty$ (siehe auch [**Ja3**], (2)). Wir zeigen, daß ähnliche Ergebnisse unter wesentlich schwächeren Voraussetzungen gelten. In diesem Zusammenhang führen wir die Klasse der schwachen Schur-Räume ein und erweitern ein Resultat von H.P.Rosenthal ([**Ros1**]) über die Struktur reflexiver Teilräume von AL-Räumen auf Räume dieser Klasse.

Die Erblichkeit von schwacher Kompaktheit (§17), Kompaktheit (§18) und der Dunford-Pettis-Eigenschaft (§19) für ordnungsabsolutstetige Operatoren ist Gegenstand von Kapitel IV. Wir versuchen dabei, Aussagen, die für positive, linear majorisierte Operatoren gelten (siehe etwa [**AB2**], [**AB3**], [**AB4**], [**AB5**], [**DoF**], [**GhJ**], [**H**], [**MN3**], [**Pa**], [**S3**], [**W**]), auf ordnungsabsolutstetige Operatoren auszudehnen. Unsere Untersuchungen führen zu zahlreichen Verallgemeinerungen von Ergebnissen der obengenannten Arbeiten. Darüber hinaus erhalten wir auch Resultate von A.V.Bukhvalov ([**Bu**]) über das Erblichkeitsverhalten nicht-linear majorisierter Operatoren (§16).

An dieser Stelle möchte ich all denen, die zum Gelingen dieser Arbeit beigetragen haben, meinen herzlichen Dank aussprechen. Mein besonderer Dank gilt Herrn Professor Dr. H.H. Schaefer für seine persönliche Unterstützung und viele wertvolle Denkanstöße.

0. Bezeichnungen und Hilfsmittel

Als Hauptreferenz in der vorliegenden Arbeit dienen die Monographien [**LT1**] und [**LT2**] von J.Lindenstrauss und L.Tzafriri und [**S1**] und [**S2**] von H.H.Schaefer. In der Bezeichnungsweise folgen wir weitgehend den obengenannten Büchern. Auf einige Sachverhalte möchten wir jedoch gesondert hinweisen.

Mit $\mathbb{N}$, $\mathbb{R}$ und $\mathbb{C}$ bezeichnen wir die Mengen der natürlichen, der reellen und der komplexen Zahlen. Sofern nicht anders vereinbart, betrachten wir im folgenden ausschließlich Vektorräume über dem Skalarkörper $\mathbb{R}$ der reellen Zahlen.

Sei $< E, F >$ ein Dualsystem und $< \cdot, \cdot >$ bezeichne die kanonische Bilinearform auf $E \times F$. Die von den Halbnormen $x \mapsto | < x, x' > |$, $x \in E$, $x' \in F$, erzeugte lokalkonvexe Topologie auf E heißt die *schwache Topologie* und wird mit $\sigma(E, F)$ bezeichnet. Ist $A \subseteq E$ eine absolutkonvexe Menge, so nennt man die Abbildung $g_A : E \to \mathbb{R} \cup \{\infty\}$, definiert durch $g_A(x) := \inf\{\lambda > 0 : x \in \lambda A\}$, $x \in E$, das *Eichfunktional* von A. Ist $A \subseteq E$, so heißt $A^\circ := \{x' \in F : | < x, x' > | \leq 1 \text{ für alle } x \in A\}$ die *Polare* von A in F.

Es seien E und F normierte Räume mit den Normen $\| \cdot \|_E$ und $\| \cdot \|_F$. Wenn aus dem Zusammenhang erkennbar ist, welche Norm gemeint ist, verzichten wir auf den Index. Wir bezeichnen mit $B_E := \{x \in E : \|x\|_E \leq 1\}$ die (abgeschlossene) *Einheitskugel* von E. Für eine lineare Abbildung T von E nach F heißt $\ker T := \{x \in E : Tx = 0\}$ der *Kern* von T. Unter einem *Operator* von E nach F verstehen wir eine stetige, lineare Abbildung von E mit Werten in F. Es sei $\mathfrak{L}(E, F)$ die Gesamtheit aller Operatoren von E nach F. Im Fall $F = E$ schreiben wir $\mathfrak{L}(E)$ anstelle von $\mathfrak{L}(E, E)$. Mit Id_E bezeichnen wir dann die *Identität* auf E. Ohne die zusätzliche Angabe einer Topologie sei $\mathfrak{L}(E, F)$ stets mit der von der Operatornorm induzierten Topologie versehen. Die Menge $E' := \mathfrak{L}(E, \mathbb{R})$ wird der *Dualraum* von E genannt, und $E'' := (E')'$ ist der *Bidual* von E. Die *schwache Topologie* auf E sei die zu dem kanonischen Dualsystem $< E, E' >$ gehörige schwache Topologie $\sigma(E, E')$. Für $T \in \mathfrak{L}(E, F)$ bezeichne $T' \in \mathfrak{L}(F', E')$ die *Adjungierte* von T, und $T'' := (T')' \in \mathfrak{L}(E'', F'')$ ist die *Biadjungierte* von T. Ohne explizit darauf hinzuweisen, verwenden wir im folgenden, daß $T \in \mathfrak{L}(E, F)$ immer $\sigma(E, E')$-$\sigma(F, F')$–stetig ist und $T' \in \mathfrak{L}(F', E')$ sowohl $\sigma(F', F)$-$\sigma(E', E)$–stetig als auch $\sigma(F', F'')$-$\sigma(E', E'')$–stetig ist ([**S1**], IV.7.4).

Ein Operator $T \in \mathfrak{L}(E, F)$ heißt *Isomorphismus*, falls T injektiv und die Umkehrabbildung $T^{-1} : TE \to E$ stetig ist. Die Räume E und F heißen *isomorph*, falls ein Isomorphismus T von E auf F existiert. Ist $T \in \mathfrak{L}(E, F)$ und G ein Teilraum von E, so ist $T_{|G}$ die *Einschränkung* von T auf G. Mit E/G bezeichnen wir den *Quotienten* von E nach G. Ein Operator $P \in \mathfrak{L}(E)$ heißt *Projektion*, wenn $P^2 = P$ gilt. Wir sagen, ein Teilraum G von E ist *komplementierbar* oder *projizierbar*, wenn eine Projektion P auf E mit der Eigenschaft $PE = G$ existiert. Für eine Teilmenge A von E bezeichne $\overline{A}$ den *Norm-Abschluß* von A in E. Bilden wir den Abschluß von A in E bezüglich einer anderen Topologie $\mathfrak{T}$, so schreiben wir $\overline{A}^{\mathfrak{T}}$.

Seien E und F Banachräume. Ein Operator $T \in \mathfrak{L}(E,F)$ heißt *kompakt*, wenn TB_E relativ kompakt in F ist. Nach dem *Satz von Schauder* ([**DuS**], VI.5.2) ist $T \in \mathfrak{L}(E,F)$ genau dann kompakt, wenn $T' \in \mathfrak{L}(F',E')$ kompakt ist. Ein Operator $T \in \mathfrak{L}(E,F)$ heißt *schwach kompakt*, wenn TB_E relativ schwach kompakt in F ist. Dieses ist genau dann der Fall, wenn $T' \in \mathfrak{L}(F',E')$ schwach kompakt ist bzw. wenn die Beziehung $T''E'' \subseteq F$ gilt ([**S2**], II.9.4). Wir verwenden im folgenden häufig den *Satz von Eberlein* ([**DuS**], V.6.1, [**S1**], IV.11.1, Cor.2), welcher besagt, daß eine Menge A in E genau dann relativ $\sigma(E,E')$-kompakt ist, wenn jede Folge in A eine $\sigma(E,E')$-konvergente Teilfolge besitzt.

Sei Γ eine nicht-leere Indexmenge. Wir bezeichnen mit l_p^Γ, $1 \leq p < \infty$, die Menge aller p-absolutsummierbaren Familien $(\xi_\gamma)_{\gamma\in\Gamma}$ in $\mathbf{R}$, versehen mit der Norm $\|(\xi_\gamma)\|_p := (\sum_\gamma |\xi_\gamma|^p)^{1/p}$. Weiter sei l_∞^Γ die Menge der beschränkten Familien $(\xi_\gamma)_{\gamma\in\Gamma}$ in $\mathbf{R}$, versehen mit der Norm $\|(\xi_\gamma)\|_\infty := \sup_\gamma |\xi_\gamma|$, und c_0^Γ sei der abgeschlossene Teilraum aller Familien (ξ_γ) in l_∞^Γ mit der Eigenschaft $\lim_\gamma |\xi_\gamma| = 0$. Ist $\Gamma = \mathbf{N}$ oder eine endliche Menge mit m Elementen, so schreiben wir l_p und c_0 bzw. l_p^m und c_0^m anstelle von l_p^Γ und c_0^Γ, $1 \leq p \leq \infty$. Sei (E_n) eine Folge von Banachräumen. Die *l_p-direkte Summe* $l_p(E_n), 1 \leq p \leq \infty$, der Folge (E_n) ist der Raum aller Folgen (x_n) mit den Eigenschaften $x_n \in E_n$ für jedes $n \in \mathbf{N}$ und $(\|x_n\|) \in l_p$, versehen mit der Norm $\|(x_n)\| := \|(\|x_n\|)\|_p$. Entsprechend ist die *$c_0$-direkte Summe* der Folge (E_n) erklärt.

Sei E ein Banachraum und (x_n) eine Folge in E.

(0.1) Wir sagen, (x_n) ist *äquivalent zur kanonischen Basis von l_p*, $1 \leq p < \infty$, wenn Konstanten $c_1, c_2 > 0$ existieren, so daß für jedes $n \in \mathbf{N}$ und bei beliebiger Wahl reeller Zahlen $\alpha_1, \ldots, \alpha_n$ die Beziehung $c_1(\sum_{m=1}^n |\alpha_m|^p)^{1/p} \leq \|\sum_{m=1}^n \alpha_m x_m\| \leq c_2(\sum_{m=1}^n |\alpha_m|^p)^{1/p}$ gilt.

In dieser Situation ist der von der Folge (x_n) in E erzeugte abgeschlossene, lineare Teilraum isomorph zu l_p.

(0.2) Existieren Konstanten $c_1, c_2 > 0$, so daß für jedes $n \in \mathbf{N}$ und bei beliebiger Wahl reeller Zahlen $\alpha_1, \ldots, \alpha_n$ die Beziehung $c_1 \sup_{1\leq m\leq n} |\alpha_m| \leq \|\sum_{m=1}^n \alpha_m x_m\| \leq c_2 \sup_{1\leq m\leq n} |\alpha_m|$ gilt, dann heißt die Folge (x_n) *zur kanonischen Basis von c_0 äquivalent.*

Die abgeschlossene, lineare Hülle der Folge (x_n) ist dann ein zu c_0 isomorpher Teilraum von E.

Für einen Maßraum (Ω, Σ, μ) bezeichnen wir mit $L_p(\Omega, \Sigma, \mu)$, $1 \leq p \leq \infty$, wie üblich die Lebesgue-Räume (siehe [**DuS**], III.3.4). Ist K ein kompakter, topologischer Raum, dann bezeichnet $C(K)$ den Raum der reellwertigen, stetigen Funktionen auf K, versehen mit der Supremumsnorm.

Sei E ein Vektorverband. Die Symbole $\vee$ und $\wedge$ stehen für die Verbandsoperationen sup und inf. Es bezeichne $E_+ := \{x \in E_+ : x \geq 0\}$ den *positiven Kegel* von E. Für $x \in E$ setzen wir $x_+ := x \vee 0$, $x_- := (-x) \vee 0$ und $|x| := x_+ + x_-$. Eine Familie $(x_\alpha)_{\alpha \in A}$ in E heißt *orthogonal*, wenn $|x_\alpha| \wedge |x_\beta| = 0$ für alle $\alpha, \beta \in A$ mit $\alpha \neq \beta$ gilt. Das *orthogonale Komplement* $A^\perp$ einer Menge $A \subseteq E$ ist definiert durch $A^\perp := \{x \in E : |x| \wedge |y| = 0 \text{ für alle } y \in A\}$. Für Elemente $x, y \in E$ mit der Eigenschaft $x \leq y$ ist $[x, y] := \{z \in E : x \leq z \leq y\}$ das von x und y erzeugte *Ordnungsintervall* (in E). Eine Menge $A \subseteq E$ heißt *ordnungsbeschränkt*, wenn A in einem Ordnungsintervall enthalten ist. Wir nennen $A \subseteq E$ *solid*, wenn $[-|x|, |x|] \subseteq A$ für jedes $x \in A$ gilt.

(0.3) Der Vektorverband E besitzt die *Rieszsche Zerlegungseigenschaft*, d.h. für $x, y \in E_+$ gilt stets $[0, x + y] = [0, x] + [0, y]$.

Ein linearer Teilraum F von E heißt *Unterverband* (von E), wenn mit $x, y \in F$ auch $x \vee y, x \wedge y \in F$ ist. Ein *Ideal* (in E) ist ein solider, linearer Teilraum von E. Ist I ein Ideal in E und gilt $\sup_{x \in A} x \in I$ für jede Menge A in I, für welche $\sup_{x \in A} x$ in E existiert, so nennt man I ein *Band* (in E). Gilt für ein Ideal I in E die Beziehung $E = I + I^\perp$, so sagt man, I ist ein *Projektionsband* (in E). In diesem Fall existiert eine *Bandprojektion* P von E auf I mit $\ker P = I^\perp$. Für eine Bandprojektion P gilt stets $0 \leq P \leq Id_E$ ([**S2**], II.2.9). Ein Element $e \in E_+$ heißt *schwache Einheit*, wenn das von e in E erzeugte Band gleich E ist, und man nennt e eine *Einheit*, wenn das von e in E erzeugte Ideal gleich E ist. Ein Vektorverband E heißt *abzählbar ordnungsvollständig*, wenn für jede abzählbare, ordnungsbeschränkte Menge in E das Supremum existiert, und E heißt *ordnungsvollständig*, wenn jede ordnungsbeschränkte Menge in E ein Supremum besitzt. Ist p eine Halbnorm auf E und gilt $p(x) \leq p(y)$ für alle $x, y \in E$ mit der Eigenschaft $|x| \leq |y|$, dann nennt man p eine *Verbandshalbnorm*.

Seien E und F Vektorverbände und $T, S : E \to F$ seien lineare Abbildungen. Man nennt T einen *Verbandshomomorphismus*, wenn $T(x \vee y) = (Tx) \vee (Ty)$ für alle $x, y \in E$ gilt. Wir sagen, die Vektorverbände E und F sind *isomorph*, falls ein bijektiver Verbandshomomorphismus von E nach F existiert. Die Abbildung T heißt *positiv*, wenn $TE_+ \subseteq F_+$ gilt. Wir schreiben $T \leq S$, wenn $S - T$ positiv ist. Auf diese Weise wird der Raum $L(E, F)$ der linearen Abbildungen von E nach F zu einem geordneten Vektorraum.

(0.4) Wir nennen T *regulär*, wenn $T = T_1 - T_2$ die Differenz zweier positiver, linearer Abbildungen $T_1, T_2 : E \to F$ ist, und es sei $L^r(E,F) := \{T \in L(E,F) : T \text{ ist regulär}\}$.

(0.5) Ist F ein ordnungsvollständiger Vektorverband, dann ist $L^r(E,F)$ ein ordnungsvollständiger Vektorverband, und für $T \in L^r(E,F)$ und $x \in E_+$ gilt die Beziehung $|T|x = \sup_{|y| \leq |x|} |Ty|$ (siehe **[S2]**, IV.1.3, IV.1,(2)).

Seien E und F normierte Vektorverbände. Wir sagen, E und F sind *isomorph*, wenn E und F gleichzeitig als Vektorverbände und als normierte Räume isomorph sind. Ist E vollständig, so ist jede positive, lineare Abbildung von E nach F stetig (**[S2]**, II.5.3). In diesem Fall gilt $L^r(E,F) \subseteq \mathfrak{L}(E,F)$, und wir schreiben

(0.6) $\mathfrak{L}^r(E,F) := \{T \in \mathfrak{L}(E,F) : T \text{ ist regulär}\}$.

Sei E ein Banachverband. Die Norm auf E heißt *ordnungsstetig*, wenn für jedes fallende Netz $(x_\alpha)_{\alpha \in A}$ in E_+ mit der Eigenschaft $\inf_\alpha x_\alpha = 0$ die Aussage $\lim_\alpha \|x_\alpha\| = 0$ gilt. Für die nachstehende Charakterisierung von Banachverbänden mit ordnungsstetiger Norm verweisen wir auf **[S2]**, II.5.10.

(0.7) Ist E ein Banachverband, dann sind die folgenden Aussagen äquivalent:

a) E besitzt ordnungsstetige Norm.

b) E ist vermöge der kanonischen Einbettung ein Ideal in E''.

c) Jedes Ordnungsintervall in E ist $\sigma(E,E')$-kompakt.

Der Banachverband E heißt *KB-Raum*, wenn E vermöge der Auswertungsabbildung ein Band in E'' ist. Es gilt die nachstehende Charakterisierung von KB-Räumen (siehe **[S2]**, II.5.15, II.10.6).

(0.8) Für einen Banachverband E sind die folgenden Aussagen äquivalent:

a) E ist ein KB-Raum.

b) Jede monoton wachsende Folge in B_E konvergiert.

c) E enthält keinen zu c_0 isomorphen Unterverband.

d) E ist schwach folgenvollständig.

Ist $1 \leq p < \infty$ und gilt $\|x+y\|^p = \|x\|^p + \|y\|^p$ für beliebige orthogonale Elemente $x, y \in E$, dann nennt man E einen *AL_p-Raum*. Der Banachverband E heißt *AM-Raum*, wenn $\|x \vee y\| = \|x\| \vee \|y\|$ für alle $x, y \in E$ gilt. Existiert zusätzlich eine Einheit e mit $\|e\| = 1$, so nennt man E einen *AM-Raum mit Einheit*. Nach den *Darstellungssätzen von S.Kakutani und M. und S.Krein* (siehe **[LT2]**, 1.b.2, **[S2]**, II.7.4) ist jeder AL_p-Raum, $1 \leq p < \infty$, als Banachverband isomorph zu einem Raum $L_p(\Omega, \Sigma, \mu)$ für einen geeigneten Maßraum (Ω, Σ, μ), und jeder AM-Raum mit Einheit ist als Banachverband isomorph zu einem Raum $C(K)$ für einen geeigneten kompakten, topologischen Raum K.

I. Absolutstetigkeit zwischen Operatoren auf Banachräumen

Ist K ein kompakter, topologischer Raum und T ein schwach kompakter Operator vom Raum $C(K)$ der stetigen, reellwertigen Funktionen auf K in einen Banachraum E, so existiert nach einem Resultat von R.G.Bartle, N.Dunford und J.Schwartz ([**BDS**]) ein auf den Borelmengen von K definiertes "Kontrollmaß" μ für den Operator T. Identifizieren wir die stetigen Linearformen auf $C(K)$ vermöge des Rieszschen Darstellungssatzes mit den beschränkten, regulären Borelmaßen auf K, so drückt sich die Kontrollwirkung des Maßes μ auf den Operator T dadurch aus, daß die Menge von Maßen $T'B_{E'}$ gleichmäßig absolutstetig bezüglich μ ist. Es zeigt sich, daß diese Bedingung zu der nachstehenden Aussage äquivalent ist (siehe Beispiel 1.1).

Zu jedem $\varepsilon > 0$ existiert ein $N_\varepsilon \geq 0$, so daß
$\|Tf\| \leq N_\varepsilon \int |f| d\mu + \varepsilon \|f\|$ für alle $f \in C(K)$ gilt.

Durch diese Beziehung motiviert führte C.P.Niculescu ([**Ni1**], [**Ni2**]) den Begriff der Absolutstetigkeit eines Operators bezüglich einer stetigen Halbnorm ein.

Wir wollen diese Begriffsbildung in dem vorliegenden Kapitel noch etwas allgemeiner fassen. Im Mittelpunkt stehen dabei Operatoren $T \in \mathfrak{L}(E, F)$, $S \in \mathfrak{L}(E, G)$ und $R \in \mathfrak{L}(E, H)$ zwischen den Banachräumen E, F, G und H, die durch die nachstehende Bedingung miteinander verbunden sind.

Zu jedem $\varepsilon > 0$ existiert ein $N_\varepsilon \geq 0$, so daß
$\|Tx\| \leq N_\varepsilon \|Sx\| + \varepsilon \|Rx\|$ für alle $x \in E$ gilt.

Wir sagen dann, T ist absolutstetig bezüglich (S, R). Auf diese Weise erhalten wir den von C.P.Niculescu eingeführten Absolutstetigkeitsbegriff als Spezialfall. Wir werden in Beispielen sehen, daß die Absolutstetigkeit zwischen Operatoren in sehr verschiedenen Bereichen der Analysis auftritt (§1).

Von zentraler Bedeutung für die weiteren Untersuchungen in diesem Kapitel ist eine geometrische Beschreibung der Absolutstetigkeit (§2). Diese ist durch eine Absorbanzbedingung an die Bilder der Einheitskugeln der Dualräume unter den adjungierten Operatoren gegeben.

Wir haben damit ein wichtiges Hilfsmittel für eine Darstellung des Raums $AC(S, R; .)$ aller zu einem Paar (S, R) absolutstetigen Operatoren zur Verfügung (§3). Genauer läßt sich unter bestimmten Bedingungen an die betrachteten Räume und Operatoren jedes Element in $AC(S, R; .)$ durch Operatoren der Form QS approximieren.

Hiermit lassen sich sehr allgemeine Aussagen zum Erblichkeitsverhalten absolutstetiger Operatoren herleiten (§4). Ähnliche Resultate haben H.Jarchow und U.Matter ([**JaM2**]) unabhängig von unseren Untersuchungen erzielt.

Zum Abschluß des Kapitels beschäftigen wir uns mit Normungleichungen, welche die Absolutstetigkeit zwischen Operatoren charakterisieren (§5). Es ergibt sich ein Zusammenhang zwischen solchen Ungleichungen und Funktionen auf **R** bzw. $\mathbf{R}^2$ mit bestimmten Eigenschaften. Die Ergebnisse dieses Paragraphen spielen für die Untersuchungen in Kapitel II und §16 eine wichtige Rolle.

1. Absolutstetigkeit zwischen Operatoren auf Banachräumen: Elementare Eigenschaften und Beispiele

In dem vorliegenden Paragraphen wollen wir den Begriff der Absolutstetigkeit zwischen Operatoren auf Banachräumen einführen und an Beispielen demonstrieren, in welchen Bereichen der Analysis wir diese Begriffsbildung wiederfinden können.

Wir beginnen mit einem Beispiel, das an die Definition der Absolutstetigkeit heranführt.

1.1 Beispiel. Sei K ein kompakter, topologischer Raum, und Σ bezeichne die σ-Algebra der Borelmengen in K. Weiter sei $ca(\Sigma)$ der Banachraum der beschränkten, reellwertigen Maße auf Σ, versehen mit der Norm $\mu \mapsto |\mu|(K)$, wobei μ die Totalvariation von $\mu \in ca(\Sigma)$ bezeichnet ([**DuS**], S.161). Nach einem Resultat von R.G.Bartle, N.Dunford und J.Schwartz (siehe [**DuS**], VI.9.2) ist eine beschränkte Menge M in $ca(\Sigma)$ genau dann relativ schwach kompakt, wenn ein positives Maß $\mu \in ca(\Sigma)$ existiert, so daß M gleichmäßig absolutstetig bezüglich μ ist, d.h.

$$(*) \qquad \lim_{\mu(A)\to 0} \sup_{\nu \in M} |\nu(A)| = 0.$$

Eine elementare Rechnung zeigt, daß $(*)$ zu der nachstehenden Bedingung äquivalent ist.

$(**)$ Zu jedem $\varepsilon > 0$ existiert eine Zahl $N_\varepsilon \geq 0$, so daß
$\sup_{\nu \in M} |\nu(A)| \leq N_\varepsilon \mu(A) + \varepsilon$ für jedes $A \in \Sigma$ gilt.

Es bezeichne $C(K)$ den Raum der reellwertigen, stetigen Funktionen auf K, versehen mit der Supremumsnorm, und $M \subseteq C(K)'$ sei eine relativ schwach kompakte Menge. Identifizieren wir $C(K)'$ mit den beschränkten, regulären Borelmaßen auf K ([**DuS**], IV.6.3), so existiert nach den obigen Ausführungen ein positives Maß $\mu \in ca(\Sigma)$, so daß $(**)$ gilt. Hiermit ergibt sich die folgende Beziehung.

$(***)$ Zu jedem $\varepsilon > 0$ gibt es ein $N_\varepsilon \geq 0$, so daß
$\sup_{\nu \in M} |\int f d\nu| \leq N_\varepsilon \int |f| d\mu + \varepsilon \|f\|$ für alle $f \in C(K)$ gilt.

Ist nun $T : C(K) \to E$ ein schwach kompakter Operator von $C(K)$ in einen Banachraum E, so existiert zu $M := T'B_{E'}$ ein positives Maß $\mu \in ca(\Sigma)$ derart, daß $(***)$ gilt. Damit ergibt sich für T die nachstehende Eigenschaft.

(1.1) Zu jedem $\varepsilon > 0$ existiert ein $N_\varepsilon \geq 0$, so daß

$$\begin{aligned} \|Tf\| &= \sup_{y' \in B_{E'}} | < f, T'y' > | = \sup_{\nu \in T'B_{E'}} |\int f d\nu| \\ &\leq N_\varepsilon \int |f| d\mu + \varepsilon \|f\| \quad \text{für alle } f \in C(K) \text{ gilt.} \end{aligned}$$

Wir können Aussage (1.1) so verstehen, daß die Halbnorm $p_\nu : f \mapsto \int |f| d\nu$, $f \in C(K)$, eine Kontrollwirkung auf den Operator T ausübt. Dies geschieht in ähnlicher Weise wie bei der Absolutstetigkeit zwischen Maßen (siehe Bedingung $(**)$ in Beispiel 1.1).

In Anlehnung an diese Beobachtung führte C.P.Niculescu den Begriff der Absolutstetigkeit eines Operators bezüglich einer Halbnorm ein ([**Ni1**], [**Ni2**]).

(1.2) Es seien E und F Banachräume, p eine stetige Halbnorm auf E und $T \in \mathfrak{L}(E, F)$. Dann heißt T *absolutstetig bezüglich* p, wenn zu jedem $\varepsilon > 0$ ein $N_\varepsilon \geq 0$ existiert, so daß $\|Tx\| \leq N_\varepsilon p(x) + \varepsilon \|x\|$ für jedes $x \in E$ gilt.

Jede stetige Halbnorm auf einem Banachraum E ist von der Form $x \mapsto \|Sx\|$, wobei $S \in \mathfrak{L}(E, G)$ ein Operator von E in einen geeigneten Banachraum G ist. Dieses ist der Hintergrund für die folgende Definition (vgl. [**JaM2**], (4(a)), [**Ma2**]).

1.2 Definition. Es seien $T \in \mathfrak{L}(E, F)$, $S \in \mathfrak{L}(E, G)$ und $R \in \mathfrak{L}(E, H)$ Operatoren zwischen den Banachräumen E, F, G und H. Wir sagen, T *ist absolutstetig bezüglich* (S, R) (i.Z. $T \ll (S, R)$), wenn die folgende Beziehung gilt:

(1.3) Zu jedem $\varepsilon > 0$ existiert eine Zahl $N_\varepsilon \geq 0$, so daß $\|Tx\| \leq N_\varepsilon \|Sx\| + \varepsilon \|Rx\|$ für jedes $x \in E$ gilt.

Ist $E = H$ und $R = Id_E$ die Identität auf E, so sagen wir, T *ist absolutstetig bezüglich* S (i.Z. $T \ll S$). Es gilt also genau dann $T \ll S$, wenn die nachstehende Bedingung erfüllt ist:

(1.4) Zu jedem $\varepsilon > 0$ existiert ein $N_\varepsilon \geq 0$ derart, daß $\|Tx\| \leq N_\varepsilon \|Sx\| + \varepsilon \|x\|$ für jedes $x \in E$ ist.

Bemerkung. Nach den vorausgegangenen Worten führen die Beziehungen (1.2) und (1.4) zu demselben Absolutstetigkeitsbegriff.

Formulieren wir das Ergebnis von Beispiel 1.1 in der neuen Sprechweise, so ergibt sich die folgende Aussage.

1.3 Beispiel. Ist $T : C(K) \to E$ ein schwach kompakter Operator, dann existiert ein positives, beschränktes, reellwertiges Maß μ auf der Borelalgebra Σ von K, so daß $T \ll j_\mu$ gilt, wobei $j_\mu : C(K) \to L_1(K, \Sigma, \mu)$ die kanonische Einbettung bezeichnet.

Nachfolgend stellen wir einige einfache Konsequenzen aus den Beziehungen (1.3) und (1.4) zusammen.

Es seien E, F, G und H Banachräume und $T \in \mathfrak{L}(E, F)$, $S \in \mathfrak{L}(E, G)$ und $R \in \mathfrak{L}(E, H)$ Operatoren.

(1.5) Aus $T \ll (S, R)$ folgt $T \ll S$.

(1.6) Es gilt stets $T \ll (T, R)$.

(1.7) Ist $T \ll (S, R)$ und $\tilde{T} \ll (S, R)$ für ein $\tilde{T} \in \mathfrak{L}(E, F)$, dann gilt $\alpha T + \beta \tilde{T} \ll (S, R)$ für beliebige $\alpha, \beta \in \mathbf{R}$.

(1.8) Ist $T \ll (S, R)$ und $\tilde{S}$ ein Operator von E in einen Banachraum X derart, daß $S \ll (\tilde{S}, R)$ gilt, dann ist auch $T \ll (\tilde{S}, R)$.

(1.9) Ist $T \ll (S, R)$ und Q ein Operator von F in einen Banachraum Y, dann gilt $QT \ll (S, R)$. Falls Q ein Isomorphismus ist, folgt umgekehrt aus $QT \ll (S, R)$ die Beziehung $T \ll (S, R)$.

(1.10) Ist S ein Isomorphismus, dann gilt stets $T \ll (S, R)$.

(1.11) Ist $T \ll (S, R)$ und ist für einen Teilraum Z von E die Einschränkung $T_{|Z}$ ein Isomorphismus, dann ist auch $S_{|Z}$ ein Isomorphismus.

(1.12) Aus $T \ll (S, R)$ folgt $\ker S \subseteq \ker T$.

Im verbleibenden Teil des Paragraphen widmen wir uns verschiedenen Beispielen zur Absolutstetigkeit zwischen Operatoren.

Mit E, F, G und H bezeichnen wir im folgenden stets Banachräume.

1.4 Beispiel. (*Verknüpfung von Operatoren*) Sei $T = QS$ die Verknüpfung von Operatoren $S \in \mathfrak{L}(E,G)$ und $Q \in \mathfrak{L}(G,F)$. Dann gilt $\|Tx\| \leq \|Q\|\|Sx\|$ für jedes $x \in E$ und $\|T'x'\| \leq \|S'\|\|Q'x'\|$ für jedes $x' \in F'$. Damit folgt $T \ll S$ und $T' \ll Q'$.

Wie die Absolutstetigkeit zwischen Maßen mit der Absolutstetigkeit zwischen Operatoren zusammenhängt, zeigen wir in dem folgenden Beispiel.

1.5 Beispiel. (*Absolutstetigkeit von Maßen*) Sei Σ eine σ-Algebra von Teilmengen einer Menge Ω. Weiter seien μ und ν beschränkte, reellwertige (abzählbar additive) Maße auf Σ. Man nennt ν ***absolutstetig bezüglich*** μ (i.Z. $\nu \ll_m \mu$), wenn $\lim_{|\mu|(A)\to 0} |\nu(A)| = 0$ gilt, wobei $|\mu|$ die Totalvariation von μ bezeichnet (**[DuS]**, III.4.12).
Sei $B(\Sigma)$ der Raum aller beschränkten, reellwertigen, Σ-meßbaren Funktionen auf Ω, versehen mit der Supremumsnorm. Durch $f \mapsto \int f d\nu$ und $f \mapsto \int f d\mu$ sind stetige Linearformen x'_ν und x'_μ auf $B(\Sigma)$ gegeben. Aus $\nu \ll_m \mu$ folgt im allgemeinen nicht $x'_\nu \ll x'_\mu$ (denn aus $x'_\nu \ll x'_\mu$ ergibt sich mit (1.12) die lineare Abhängigkeit von x'_ν und x'_μ, und damit sind auch ν und μ linear abhängig).
Durch $p_{|\mu|}(f) := \int f d|\mu|$ ist eine Halbnorm $p_{|\mu|}$ auf $B(\Sigma)$ definiert. In kanonischer Weise induziert $p_{|\mu|}$ eine Norm auf $B(\Sigma)/\ker p_{|\mu|}$. Die Vervollständigung von $B(\Sigma)/\ker p_{|\mu|}$, versehen mit dieser Norm, bezeichnen wir mit $(B(\Sigma), |\mu|)$. Sei $j_{|\mu|} : B(\Sigma) \to (B(\Sigma), |\mu|)$ der von der Quotientenabbildung $q : B(\Sigma) \to B(\Sigma)/\ker p_{|\mu|}$ induzierte Operator. Damit ergibt sich der folgende Zusammenhang:

Es ist genau dann $\nu \ll_m \mu$, *wenn* $x'_\nu \ll j_{|\mu|}$ *gilt.*

Da wir im dritten Kapitel in natürlicher Weise auf diese Beziehung stoßen werden (Beispiel 11.3, Satz 13.1), wollen wir hier auf einen Beweis nicht näher eingehen.

Unser nächstes Beispiel beschäftigt sich mit einer Faktorisierungsmethode, die bei der Untersuchung geometrischer Eigenschaften von Banachräumen und Operatoren eine wichtige Rolle spielt.

1.6 Beispiel. (*Davis-Figiel-Johnson-Pełczyński-Faktorisierung* (**[DFJP]**)) Sei W eine nicht-leere, beschränkte, absolutkonvexe Menge in einem Banachraum E. Mit $|\!|\!|.|\!|\!|_n$, $n \in \mathbb{N}$, bezeichnen wir das zu der Menge $2^n W + 2^{-n} B_E$ gehörige Eichfunktional auf E. Für $1 \leq p \leq \infty$ sei $E_{W,p} := \{x \in E : (|\!|\!|x|\!|\!|_n) \in l_p\}$, versehen mit der (vollständigen) Norm $\|x\|_{W,p} := \|(|\!|\!|x|\!|\!|_n)\|_p$, wobei $\|.\|_p$ die übliche Norm auf l_p bezeichnet. Die kanonische Injektion $j_{W,p} : E_{W,p} \to E$ ist linear und stetig. Weiter gilt

$$(*) \qquad j_{W,p} B_{E_{W,p}} \subseteq \overline{2^n W + 2^{-n} B_E} \quad \text{für jedes } n \in \mathbb{N}.$$

Sei nun $T \in \mathfrak{L}(F,E)$. Setzen wir $W := TB_F$, so existiert für jedes $p \in [1,\infty]$ ein Operator $T_p \in \mathfrak{L}(F,E_{W,p})$ mit der Eigenschaft $T = j_{W,p}T_p$. Aufgrund von Beispiel 1.4 ist $T' \ll j'_{W,p}$ und aus $(*)$ ergibt sich $j'_{W,p} \ll T'$ (siehe Satz 2.3).

B.Beauzamy hat eine enge Beziehung der Davis-Figiel-Johnson-Pełczyński-Faktorisierung zu Fragestellungen in der Interpolationstheorie festgestellt (siehe [**B2**], Ch.II, III). Diese Zusammenhänge spielen, wenn auch nur hintergründig, bei den Untersuchungen in §10 eine Rolle.

Mit dem folgenden Beispiel berühren wir das Gebiet der Operatorenideale. Da uns dieser Gegenstand auch in §4 beschäftigen wird, fassen wir uns hier etwas kürzer.

1.7 Beispiel. (*Operatorenideale*) Sei $\mathfrak{A}$ ein quasi-normiertes Operatorenideal wie es von A.Pietsch in [**Pi**], 6.1.3, definiert wird. Wir setzen $\mathfrak{A}(E,F) := \mathfrak{A} \cap \mathfrak{L}(E,F)$. Ein Operator $T \in \mathfrak{L}(E,F)$ gehört zur abgeschlossenen, injektiven Hülle $\overline{\mathfrak{A}}^{\text{inj}}$ von $\mathfrak{A}$, wenn eine Folge (T_n) in $\mathfrak{A}(E, l_\infty^{B_{F'}})$ existiert, so daß $\lim_n \|J_F T - T_n\| = 0$ ist, wobei $J_F : F \to l_\infty^{B_{F'}} : x \mapsto (< x, x' >)_{x' \in B_{F'}}$ die kanonische Injektion bezeichnet (siehe §4). H.Jarchow und A.Pełczyński konnten $\overline{\mathfrak{A}}^{\text{inj}}$ in der folgenden Weise beschreiben (siehe [**Ja1**], 20.7.3).

Sei $\mathfrak{A}$ ein quasi-normiertes Operatorenideal. Ein Operator $T \in \mathfrak{L}(E,F)$ liegt genau dann in der abgeschlossenen, injektiven Hülle $\overline{\mathfrak{A}}^{\text{inj}}$ von $\mathfrak{A}$, wenn ein Banachraum G und ein Operator $S \in \mathfrak{A}(E,G)$ mit der Eigenschaft $T \ll S$ existieren.

Als nächstes stellen wir eine Beziehung zwischen multiplikativen Ungleichungen und der Absolutstetigkeit von Operatoren her. Die hier angesprochenen Zusammenhänge spielen bei den Untersuchungen in §5 und Kapitel II eine wichtige Rolle.

1.8 Beispiel. (*Multiplikative Ungleichungen*) Seien $T \in \mathfrak{L}(E,F)$, $S \in \mathfrak{L}(E,G)$ und $R \in \mathfrak{L}(E,H)$. Wir betrachten für $\theta \in (0,1)$ und $x \in E$ die Funktion

$$f_x : \mathbf{R}_+ \to \mathbf{R}_+ : t \mapsto t^{\theta/(\theta-1)}\|Sx\| + t\|Rx\|.$$

Bestimmen wir das Minimum der Funktion f_x, so erhalten wir als Wert

$$[(\theta/(1-\theta))^\theta + (\theta/(1-\theta))^{1-\theta}]\|Sx\|^{1-\theta}\|Rx\|^\theta.$$

Bei festgehaltenem $\theta \in (0,1)$ ergibt sich damit der folgende Sachverhalt.

(1.13)

Die nachstehenden Aussagen sind äquivalent:

a) Es existiert ein $c \geq 0$, so daß $\|Tx\| \leq c\|Sx\|^{1-\theta}\|Rx\|^{\theta}$ für alle $x \in E$ gilt.

b) Es existiert ein $c_1 \geq 0$, so daß $\|Tx\| \leq c_1(\varepsilon^{\theta/(\theta-1)}\|Sx\|+\varepsilon\|Rx\|)$ für alle $x \in E$ und alle $\varepsilon > 0$ gilt.

c) Es existiert ein $c_2 \geq 0$, so daß $\|Tx\| \leq c_2(\varepsilon\|Sx\|+\varepsilon^{(\theta-1)/\theta}\|Rx\|)$ für alle $x \in E$ und alle $\varepsilon > 0$ gilt.

Insbesondere ist dann $T \ll (S,R)$ und $T \ll (R,S)$.

Multiplikative Ungleichungen vom Typ $\|Tx\| \leq c\|Sx\|^{1-\theta}\|Rx\|^{\theta}$ spielen eine Rolle in der Interpolationstheorie ([**BeL**], 3.5, (1); siehe auch Kapitel II), bei der Untersuchung von Sobolev-Räumen ([**A**], Ch.IV), bei der Behandlung von Differentialoperatoren ([**Ch**], [**Paz**], 1.2.8, 1.2.9) und bei der Betrachtung gebrochener Operatorpotenzen ([**Paz**], 2.6), um nur ein paar Stichworte zu nennen.

Das nachfolgende Ergebnis von H.Jarchow ([**Ja2**]) ist ein Beispiel für das Auftreten des Absolutstetigkeitsprinzips bei C^*-Algebren.

1.9 Beispiel. (*C^*-Algebren*) Sei A eine C^*-Algebra. Als Konsequenz aus einem Resultat von C.A.Akemann existiert zu jeder relativ schwach kompakten Menge M in A' eine positive Linearform $\phi \in A'$, die der folgenden Bedingung genügt (siehe [**Ja2**]):

Zu jedem $\varepsilon > 0$ gibt es ein $\delta > 0$, so daß für jedes $x \in B_A$ mit der Eigenschaft $< \phi, x^*x + xx^* > < \delta$ die Beziehung $\sup_{\psi \in M} | < \psi, x > | < \varepsilon$ gilt.

Dieser Sachverhalt kann als nicht-kommutatives Analogon der Aussage $(***)$ in Beispiel 1.1 verstanden werden. Hiermit erhält H.Jarchow das nachstehende Ergebnis ([**Ja2**], (1); vgl. Beispiel 1.3).

Sei A eine C^*-Algebra und $T \in \mathfrak{L}(A,E)$ ein schwach kompakter Operator von A in einen Banachraum E. Dann existiert ein Operator $S \in \mathfrak{L}(A,H)$ mit Werten in einem Hilbertraum H, so daß $T \ll S$ gilt.

Zum Abschluß geben wir ein Beispiel, das sich mit unbeschränkten Operatoren beschäftigt.

1.10 Beispiel. (*Relativ beschränkte Operatoren*) Seien $(A, D(A))$ und $(B, D(B))$ (nicht notwendig beschränkte) Operatoren auf E mit Definitionsbereich $D(A)$ bzw. $D(B)$ ([**Kat**], III.2, 1.). Es gelte $D(B) \subseteq D(A) \subseteq E$.

(*) Der Operator A heißt *B-beschränkt mit relativer Schranke Null*, wenn zu jedem $\varepsilon > 0$ ein $N_\varepsilon \geq 0$ existiert, so daß $\|Ax\| \leq \varepsilon\|Bx\| + N_\varepsilon\|x\|$ für jedes $x \in D(B)$ gilt ([**Kat**], IV.1, 1.).

Ist zum Beispiel A die erste und B die zweite Ableitung auf $E = L_p[a,b]$, $1 \leq p \leq \infty$, mit maximalem Definitionsbereich $D(A)$ bzw. $D(B)$, so ist A ein B-beschränkter Operator mit relativer Schranke Null (siehe [**Kat**], IV.1, 2.).
Auf $D(B)$ ist durch $\|x\|_B := \|x\| + \|Bx\|$, $x \in D(B)$, eine Norm definiert. Der Raum $(D(B), \|.\|_B)$ ist vollständig, wenn $(B, D(B))$ ein abgeschlossener Operator ist ([**Kat**], III.5, 2.). Wir bezeichnen mit $i_B : (D(B), \|.\|_B) \to E$ die kanonische Injektion.
Für das nachfolgende Resultat geben wir keinen Beweis, da wir diesen Aspekt in der vorliegenden Arbeit nicht weiterverfolgen.

Seien $(A, D(A))$ und $(B, D(B))$ (unbeschränkte) Operatoren auf E, $(B, D(B))$ sei abgeschlossen und es gelte $D(B) \subseteq D(A) \subseteq E$. Der Operator A ist genau dann B-beschränkt mit relativer Schranke Null, wenn $A_{|D(B)} : (D(B), \|.\|_B) \to E$ stetig ist und $A \ll i_B$ gilt.
Existiert in dieser Situation für ein $\lambda \in \mathbb{C}$ die Inverse $(\lambda - A)^{-1}$ in $\mathcal{L}(E)$, so gilt die Beziehung $B(\lambda - A)^{-1} \ll (\lambda - A)^{-1}$.
Falls darüber hinaus $(\lambda - B)^{-1}$ in $\mathcal{L}(E)$ existiert und mit $(\lambda - A)^{-1}$ kommutiert, so erhalten wir $(\lambda - B)^{-1} \ll (\lambda - A)^{-1}$.

2. Eine duale Charakterisierung der Absolutstetigkeit

In diesem Paragraphen wollen wir den geometrischen Hintergrund des Begriffs der Absolutstetigkeit erhellen. Dies äußert sich in Form einer Absorbanzbedingung an die Bilder der Einheitskugeln der Dualräume unter den adjungierten Operatoren (siehe dazu auch Bemerkung b) nach Satz 2.3).

Für einen Banachraum E bezeichne B_E die abgeschlossene Einheitskugel von E.

2.1 Satz. *Es seien $T \in \mathcal{L}(E,F)$, $S \in \mathcal{L}(E,G)$ und $R \in \mathcal{L}(E,H)$ Operatoren zwischen Banachräumen E, F, G und H. Die folgenden Aussagen sind äquivalent:*

a) *$T \ll (S,R)$.*
b) *Zu jedem $\varepsilon > 0$ existiert eine Zahl $N_\varepsilon \geq 0$ derart, daß $T'B_{F'} \subseteq N_\varepsilon S'B_{G'} + \varepsilon R'B_{H'}$ gilt.*

Beweis. *a)* $\Rightarrow$ *b)*: Zu gegebenem $\varepsilon > 0$ wählen wir eine Zahl $N_\varepsilon \geq 0$ derart, daß $\|Tx\| \leq N_\varepsilon\|Sx\| + \varepsilon\|Rx\|$ für jedes $x \in E$ gilt. Wir nehmen an, es gibt ein $y' \in B_{F'}$, so daß $T'y' \notin N_\varepsilon S'B_{G'} + \varepsilon R'B_{H'}$ ist. Da $N_\varepsilon S'B_{G'} + \varepsilon R'B_{H'}$ konvex und $\sigma(E', E)$-kompakt ist, existiert nach dem zweiten Trennungssatz (**[S1]**, II.9.2) ein Element $x \in E$ mit der Eigenschaft

$$|< Tx, y' >| = |< x, T'y' >| > \sup\{|< x, z' >| : z' \in N_\varepsilon S'B_{G'} + \varepsilon R'B_{H'}\}.$$

Hieraus folgt $\|Tx\| > N_\varepsilon\|Sx\| + \varepsilon\|Rx\|$ und wir erhalten einen Widerspruch.
b) $\Rightarrow$ *a)*: Gilt $T'B_{F'} \subseteq N_\varepsilon S'B_{G'} + \varepsilon R'B_{H'}$ für ein $\varepsilon > 0$ und ein $N_\varepsilon \geq 0$, so ergibt eine einfache Rechnung $\|Tx\| \leq N_\varepsilon\|Sx\| + \varepsilon\|Rx\|$ für jedes $x \in E$. Hieraus folgt die Behauptung. ∎

Aus Satz 2.1 erhalten wir eine Charakterisierung von Operatoren T, für welche sowohl $T \ll (S, R)$ als auch $T \ll (R, S)$ gilt.

2.2 Korollar. *Es seien die Voraussetzungen von Satz 2.1 erfüllt. Dann sind die folgenden Aussagen äquivalent:*

a) $T \ll (S, R)$ *und* $T \ll (R, S)$.
b) *Zu jedem* $\varepsilon > 0$ *existiert eine Zahl* $N_\varepsilon \geq 0$ *derart, daß* $T'B_{F'} \subseteq N_\varepsilon(S'B_{G'} \cap R'B_{H'}) + \varepsilon(S'B_{G'} + R'B_{H'})$ *gilt.*

Beweis. *a)* $\Rightarrow$ *b)*: Es sei $\varepsilon > 0$. Nach Satz 2.1 existieren Zahlen $N_{\varepsilon,1} \geq 0$ und $N_{\varepsilon,2} \geq 0$ mit den Eigenschaften

$$T'B_{F'} \subseteq N_{\varepsilon,1}S'B_{G'} + \varepsilon R'B_{H'}$$

und

$$T'B_{F'} \subseteq N_{\varepsilon,2}R'B_{H'} + \varepsilon S'B_{G'}.$$

Ist $z' \in T'B_{F'}$, so existieren $x_1', x_2' \in S'B_{G'}$ und $y_1', y_2' \in R'B_{H'}$ derart, daß

$$z' = N_{\varepsilon,1}x_1' + \varepsilon y_1' = N_{\varepsilon,2}y_2' + \varepsilon x_2'.$$

Wir setzen nun $w' = z' - \varepsilon y_1' - \varepsilon x_2'$ und $N_\varepsilon := \max(N_{\varepsilon,1}, N_{\varepsilon,2}) + \varepsilon$. Dann gilt $w' \in N_\varepsilon(S'B_{G'} \cap R'B_{H'})$ und $z' - w' \in \varepsilon(S'B_{G'} + R'B_{H'})$ und somit ist

$$z' = w' + (z' - w') \in N_\varepsilon(S'B_{G'} \cap R'B_{H'}) + \varepsilon(S'B_{G'} + R'B_{H'}).$$

b) $\Rightarrow$ *a)* folgt sofort aus Satz 2.1. ∎

Mit genau denselben Argumenten wie in Satz 2.1 erhalten wir eine Charakterisierung der Absolutstetigkeit für adjungierte Operatoren. Auf den Beweis des nachstehenden Satzes wollen wir daher verzichten.

2.3 Satz. *Es seien $T \in \mathfrak{L}(F,E)$, $S \in \mathfrak{L}(G,E)$ und $R \in \mathfrak{L}(H,E)$ Operatoren zwischen Banachräumen E, F, G und H. Die folgenden Aussagen sind äquivalent:*

a) $T' \ll (S', R')$.

b) *Zu jedem $\varepsilon > 0$ existiert eine Zahl $N_\varepsilon \geq 0$ derart, daß* $TB_F \subseteq \overline{N_\varepsilon SB_G + \varepsilon RB_H}$ *gilt.*

Bemerkungen. a) Die zu $\varepsilon > 0$ existierenden Konstanten $N_\varepsilon \geq 0$ in den Aussagen a) und b) von Satz 2.1 bzw. Satz 2.3 können gleich gewählt werden. Dies ist im Fall von Satz 2.1 aus dem Beweis ersichtlich und folgt für Satz 2.3 ganz analog.

b) Sei E ein Banachraum und A und C seien Teilmengen von E.

(2.1) Wir sagen, *A wird von C fast absorbiert*, wenn zu jedem $\varepsilon > 0$ eine Zahl $N_\varepsilon \geq 0$ mit der Eigenschaft $A \subseteq N_\varepsilon C + \varepsilon B_E$ existiert.

Ist nun in Satz 2.1 und in Satz 2.3 jeweils $H = E$ und $R = Id_E$, so erhalten wir die folgenden Aussagen.

(2.2) Es gilt genau dann $T \ll S$, wenn $T'B_{F'}$ von $S'B_{G'}$ fast absorbiert wird.

(2.3) Es gilt genau dann $T' \ll S'$, wenn TB_F von von SB_G fast absorbiert wird.

c) Im Gegensatz zu der in Bemerkung b) betrachteten Situation (d.h. $E = H$ und $R = Id_E$) kann im allgemeinen Fall in Aussage b) von Satz 2.3 nicht auf den Normabschluß der Menge $N_\varepsilon SB_G + \varepsilon RB_H$ verzichtet werden. Dies sehen wir an dem folgenden Beispiel:

Es seien $F = l_\infty$, $E = G = H = c_0$, $T : l_\infty \to c_0 : (\xi_n) \mapsto (\frac{1}{n}\xi_n)$ und $S = R = T_{|c_0}$. Dann gilt $TB_{l_\infty} \subseteq \overline{SB_{c_0} + \varepsilon RB_{c_0}}$ für jedes $\varepsilon > 0$. Es ist aber $TB_{l_\infty} \not\subseteq n(SB_{c_0} + RB_{c_0})$ für jedes $n \in \mathbb{N}$.

Für Operatoren mit zueinander absolutstetigen Adjungierten können wir kein zu Korollar 2.2 analoges Resultat erwarten. Es gelten aber die folgenden Implikationen.

2.4 Korollar. *Es seien die Voraussetzungen von Satz 2.3 erfüllt. Wir betrachten die nachstehenden Aussagen:*

a) *Zu jedem $\varepsilon > 0$ existiert eine Zahl $N_\varepsilon \geq 0$ derart, daß $TB_F \subseteq N_\varepsilon SB_G + \varepsilon RB_H$ und $TB_F \subseteq N_\varepsilon RB_H + \varepsilon SB_G$ gilt.*

b) *Zu jedem $\varepsilon > 0$ existiert eine Zahl $N_\varepsilon \geq 0$ derart, daß $TB_F \subseteq N_\varepsilon(SB_G \cap RB_G) + \varepsilon(SB_G + RB_H)$ gilt.*

c) $T' \ll (S', R')$ und $T' \ll (R', S')$.
Dann gilt a) ⇒ b) ⇒ c).

Da der Beweis im wesentlichen dieselben Argumente benützt, wie der von Korollar 2.2, wollen wir hierauf nicht näher eingehen.

Wenn wir zu den Biadjungierten übergehen, erhalten wir aus den Sätzen 2.1 und 2.3 sofort das nachstehende Resultat. Es verallgemeinert ein Ergebnis von C.P.Niculescu ([**Ni2**], Thm.1.3).

2.5 Satz. *Seien $T \in \mathfrak{L}(E,F)$, $S \in \mathfrak{L}(E,G)$ und $R \in \mathfrak{L}(E,H)$ Operatoren zwischen Banachräumen E, F, G und H. Es gilt genau dann $T \ll (S,R)$, wenn $T'' \ll (S'', R'')$ ist.*

3. Die Räume AC und AC^{dual}

Bei gegebenen Operatoren $S \in \mathfrak{L}(E,G)$ und $R \in \mathfrak{L}(E,H)$ und Banachräumen E, F, G und H bezeichne

$$AC(S,R;F) := \{T \in \mathfrak{L}(E,F) : T \ll (S,R)\} \tag{3.1}$$

den linearen Raum aller zu (S,R) absolutstetigen Operatoren von E nach F. Ist $H = E$ und $R = Id_E$, so schreiben wir $AC(S;F)$ anstelle von $AC(S,R;F)$.

Wegen Beispiel 1.4 gilt stets $\{QS : Q \in \mathfrak{L}(G,F)\} \subseteq AC(S,R;F)$. In diesem Paragraphen beschäftigen wir uns mit der Frage nach der Größe der Menge $\{QS : Q \in \mathfrak{L}(G,F)\}$ in bezug auf den Raum $AC(S,R;F)$. Wir werden Bedingungen angeben, unter denen sich jeder Operator $T \in AC(S,R;F)$ durch Operatoren der Gestalt QS approximieren läßt.

Wir beginnen unsere Untersuchungen mit einer Abgeschlossenheitseigenschaft des Raums $AC(S,R;F)$. Für $R \in \mathfrak{L}(E,H)$ und einen Banachraum F versehen wir $\mathfrak{L}(E,F)$ mit der Topologie $\mathfrak{T}_R$ der gleichmäßigen Konvergenz auf der Menge $R^{-1}B_H$ (für eine Folge (T_n) in $\mathfrak{L}(E,F)$ gilt also genau dann $T_n \xrightarrow{\mathfrak{T}_R} T$, wenn $\lim_n \sup_{x \in R^{-1}B_H} \|(T - T_n)x\| = 0$ ist). Ist R ein Isomorphismus von E nach H, so ist $\mathfrak{T}_R$ gerade die durch die Operatornorm induzierte Topologie.

3.1 Lemma. *Seien E, F, G und H Banachräume. Weiter seien $S \in \mathfrak{L}(E,G)$ und $R \in \mathfrak{L}(E,H)$ Operatoren. Dann ist $AC(S,R;F)$ ein abgeschlossener Teilraum von $(\mathfrak{L}(E,F), \mathfrak{T}_R)$.*

Beweis. Sei (T_n) eine Folge in $AC(S,R;F)$ mit der Eigenschaft $T_n \xrightarrow{\mathfrak{T}_R} T \in \mathfrak{L}(E,F)$ und es sei $\varepsilon > 0$ gegeben. Dann existiert ein $n_0 \in \mathbb{N}$, so daß $\|(T - T_{n_0})x\| \leq \varepsilon\|Rx\|$ ist für jedes $x \in E$. Andererseits gibt es wegen $T_{n_0} \in AC(S,R;F)$ ein $N_\varepsilon \geq 0$ derart, daß $\|T_{n_0}x\| \leq N_\varepsilon\|Sx\| + \varepsilon\|Rx\|$ ist für jedes $x \in E$. Hieraus ergibt sich nun

$$\|Tx\| \leq \|T_{n_0}x\| + \|(T - T_{n_0})x\| \leq N_\varepsilon\|Sx\| + 2\varepsilon\|Rx\|$$

für jedes $x \in E$. ∎

Für das erste Hauptresultat in diesem Paragraphen erinnern wir an die folgende Bezeichnungsweise. Ein Banachraum F heißt *injektiv*, wenn für jeden Banachraum X, der F isometrisch als Teilraum enthält, eine stetige Projektion von X auf F existiert. Bekanntlich ist dies genau dann der Fall, wenn F isomorph zu einem komplementierbaren Teilraum von l_∞^Γ für eine passende Indexmenge Γ ist (siehe [**Pi**], C.3.4).

3.2 Theorem. *Seien E, F, G und H Banachräume und F sei injektiv. Weiter seien $S \in \mathfrak{L}(E,G)$ und $R \in \mathfrak{L}(E,H)$ Operatoren. Dann gilt*

$$AC(S,R;F) = \overline{\{QS : Q \in \mathfrak{L}(G,F)\}}^{\mathfrak{T}_R}.$$

Beweis. Aus unseren einführenden Bemerkungen und Lemma 3.1 folgt sofort, daß $\overline{\{QS : Q \in \mathfrak{L}(G,F)\}}^{\mathfrak{T}_R} \subseteq AC(S,R;F)$ ist. Für den Beweis der umgekehrten Inklusion betrachten wir zunächst den Fall $F = l_\infty^\Gamma$ für eine beliebige Indexmenge Γ. Sei $T \in AC(S,R;F)$. Wir halten $\varepsilon > 0$ fest und wählen $N_\varepsilon \geq 0$, so daß $T'B_{(l_\infty^\Gamma)'} \subseteq N_\varepsilon S'B_{G'} + \varepsilon R'B_{H'}$ ist. Es bezeichne $(e_\gamma)_{\gamma\in\Gamma}$ die Familie der kanonischen Einheitsvektoren in $l_1^\Gamma \subseteq (l_\infty^\Gamma)'$. Für jedes $\gamma \in \Gamma$ wählen wir $y'_\gamma \in N_\varepsilon B_{G'}$ mit der Eigenschaft $T'e_\gamma - S'y'_\gamma \in \varepsilon R'B_{H'}$. Definieren wir $Q : G \to l_\infty^\Gamma : y \mapsto (< y, y'_\gamma >)_{\gamma\in\Gamma}$, so gilt für jedes $x \in R^{-1}B_H$

$$\begin{aligned}\|Tx - QSx\| &= \sup\{< Tx - QSx, x' > : \ (\xi_\gamma) = x' \in B_{l_1^\Gamma}\} \\ &= \sup\{< x, \sum_{\gamma\in\Gamma} \xi_\gamma(T'e_\gamma - S'y'_\gamma) > : \ (\xi_\gamma) = x' \in B_{l_1^\Gamma}\} \\ &\leq \varepsilon.\end{aligned}$$

Dies beweist die Behauptung im Fall $F = l_\infty^\Gamma$. Der allgemeine Fall ergibt sich nun aus dem Vorhergehenden unter Verwendung der Tatsache, daß ein injektiver Banachraum isomorph zu einem komplementierbaren Teilraum eines Raums l_∞^Γ ist. ∎

Jeder Banachraum F läßt sich isometrisch in den injektiven Banachraum $l_\infty^{B_{F'}}$ einbetten. Mit Theorem 3.2 ergibt sich nun die nachstehende Erweiterung eines Resultats von H.Jarchow und U.Matter ([**JaM2**], 4(a)).

3.3 Korollar. *Es seien $T \in \mathfrak{L}(E,F), S \in \mathfrak{L}(E,G)$ und $R \in \mathfrak{L}(E,H)$ Operatoren zwischen Banachräumen E, F, G und H. Weiter sei i ein Isomorphismus von F in einen injektiven Banachraum X. Es gilt genau dann $T \in AC(S,R;F)$, wenn eine Folge (Q_n) in $\mathfrak{L}(G,X)$ existiert, so daß (Q_nS) $\mathfrak{T}_R$-konvergent gegen iT ist.*

Bemerkung. Wollen wir uns in bezug auf die Wahl der Räume E, G und H sowie der Operatoren S und R nicht einschränken, so ist Theorem 3.2 das bestmögliche Ergebnis. Ist nämlich F ein Banachraum und gilt für beliebige Banachräume E, G und H und beliebige Operatoren $S \in \mathfrak{L}(E,G)$ und $R \in \mathfrak{L}(E,H)$ stets

$$AC(S,R;F) = \overline{\{QS : Q \in \mathfrak{L}(G,F)\}}^{\mathfrak{T}_R},$$

dann ist F injektiv.
Sei hierzu G ein Banachraum, der F enthält. Es bezeichne $S : F \to G$ die kanonische Einbettung, und es seien $E = H = F$ sowie $R = Id_F$. Nach Voraussetzung existiert ein $Q \in \mathfrak{L}(G,F)$ mit der Eigenschaft $\|Id_F - QS\| < 1$. Dann ist QS invertierbar, und $S(QS)^{-1}Q$ ist eine stetige Projektion von G auf F. Somit ist F injektiv.

Im Fall, daß F nicht injektiv ist, existieren also nach der vorstehenden Bemerkung Banachräume E, G und H und Operatoren $S \in \mathfrak{L}(E,G)$ und $R \in \mathfrak{L}(E,H)$ mit der Eigenschaft $\overline{\{QS : Q \in \mathfrak{L}(G,F)\}}^{\mathfrak{T}_R} \subsetneqq AC(S,R;F)$. Wir möchten zwei konkrete Beispiele hierzu anschließen, um aufzuzeigen, wie groß der Unterschied zwischen den obigen Mengen sein kann.

3.4 Beispiele. a) Es sei $1 < p < r < \infty$. Mit i_p und i_r bezeichnen wir die kanonische Einbettung von l_1 in den Raum l_p bzw. l_r. Es gilt $i_p \ll i_r$ (dies folgt mit Satz 2.1). Andererseits ist jeder Operator von l_r in l_p kompakt (siehe [**LT1**], 2.c.3) und somit ist $i_p \notin \overline{\{Qi_r : Q \in \mathfrak{L}(l_r, l_p)\}}$.

b) Es sei T die Identität auf c_0 und S die kanonische Einbettung von c_0 in l_∞. Offenbar ist $AC(S;c_0) = \mathfrak{L}(c_0)$. Andererseits ist jeder Operator von l_∞ in c_0 schwach kompakt ([**LT1**], 2.f.4) und jeder schwach kompakte Operator auf c_0 ist kompakt (dies folgt aus der Tatsache, daß in $c_0' = l_1$ schwach kompakte Mengen schon kompakt sind (siehe [**AB6**], 13.1)). Bezeichnet $\mathfrak{K}(c_0)$ die Menge der kompakten Operatoren auf c_0, so ergibt sich

$$\overline{\{QS : Q \in \mathfrak{L}(l_\infty, c_0)\}} = \mathfrak{K}(c_0) \subsetneqq \mathfrak{L}(c_0) = AC(S;c_0).$$

Wie bereits erwähnt, können wir die Gleichheit

$$AC(S,R;F) = \overline{\{QS : Q \in \mathfrak{L}(G,F)\}}^{\mathfrak{T}_R}$$

ohne zusätzliche Bedingungen an die Räume E, G und H und die Operatoren S und R nur dann erwarten, wenn F injektiv ist. Schränken wir uns jedoch an anderer Stelle ein, so erhalten wir dieses Ergebnis auch für Banachräume F, die nicht notwendig injektiv sind. Dies wollen wir in den nächsten beiden Sätze demonstrieren. Nach einem Resultat von A.Sobczyk (siehe [**LT1**], 2.f.5) ist der Raum c_0 ***separabel injektiv***, d.h. jeder zu c_0 isomorphe Teilraum eines separablen Banachraums ist stetig projizierbar. Der Beweis des nun folgenden Satzes orientiert sich an einem Beweis dieses Sachverhalts von W.A.Veech (siehe [**LT1**], 2.f.5).

3.5 Satz. *Seien E, G und H Banachräume und G sei separabel. Weiter seien $S \in \mathfrak{L}(E; G)$ und $R \in \mathfrak{L}(E, H)$ Operatoren. Dann gilt*

$$AC(S, R; c_0) = \overline{\{QS : Q \in \mathfrak{L}(G, c_0)\}}^{\mathfrak{T}_R}.$$

Beweis. Wir brauchen nur $AC(S, R; c_0) \subseteq \overline{\{QS : Q \in \mathfrak{L}(G, c_0)\}}^{\mathfrak{T}_R}$ nachzuweisen. Die umgekehrte Inklusion ist, wie wir im Beweis von Theorem 3.2 gesehen haben, immer richtig. Sei also $T \in AC(S, R; c_0)$. Bei festgehaltenem $\varepsilon > 0$ wählen wir $N_\varepsilon \geq 0$ derart, daß $T'B_{l_1} \subseteq N_\varepsilon S'B_{G'} + \varepsilon R'B_{H'}$ gilt. Mit (e_n) bezeichnen wir die Folge der kanonischen Einheitsvektoren in l_1. Für jedes $n \in \mathbb{N}$ wählen wir ein $y'_n \in N_\varepsilon B_{G'}$ mit der Eigenschaft $T'e_n - S'y'_n \in \varepsilon R'B_{H'}$. Es gilt dann

$$\sup\{< x, T'e_n - S'y'_n > : \; x \in R^{-1}B_H\} \leq \varepsilon$$

für jedes $n \in \mathbb{N}$. Da $(T'e_n)$ eine $\sigma(E', E)$-Nullfolge ist, erhalten wir für jeden $\sigma(G', G)$-Häufungspunkt y' der Folge (y'_n) die Beziehung $\sup\{< x, S'y' > : \; x \in R^{-1}B_H\} \leq \varepsilon$. Es sei $A \subseteq N_\varepsilon B_{G'}$ die Menge der $\sigma(G', G)$-Häufungspunkte der Folge (y'_n). Aufgrund der Separabilität von G existiert eine translationsinvariante Metrik d auf G', welche auf beschränkten Teilmengen von G' gerade die von $\sigma(G', G)$ induzierte Topologie erzeugt. Es gilt $\lim_n \sup\{d(y'_n, z') : z' \in A\} = 0$. Somit existiert eine Folge (z'_n) in A, für die $\lim_n d(y'_n, z'_n) = 0$ ist. Die Folge $(y'_n - z'_n)$ ist daher eine $\sigma(G', G)$-Nullfolge. Wir definieren nun $Q : G \to c_0 : y \mapsto (< y, y'_n - z'_n >)$. Für $x \in R^{-1}B_H$ gilt dann

$$\begin{aligned}
\|Tx - QSx\| &= \sup\{< Tx - QSx, x' > : \; (\xi_n) = x' \in B_{l_1}\} \\
&= \sup\{< x, \sum_{n \geq 1} \xi_n(T'e_n - S'y'_n + S'z'_n) > : \; (\xi_n) = x' \in B_{l_1}\} \\
&\leq 2\varepsilon.
\end{aligned}$$

Damit ist die Behauptung bewiesen. ∎

Bemerkung. Wie im Fall von Theorem 3.2 ist auch die Aussage dieses Satzes in gewissem Sinne optimal. Sei nämlich F ein separabler Banachraum und für Banachräume E und H, separable Banachräume G und Operatoren $S \in \mathfrak{L}(E, G)$ und

$R \in \mathfrak{L}(E,H)$ gelte stets

$$AC(S,R;F) = \overline{\{QS : Q \in \mathfrak{L}(G,F)\}}^{\mathcal{T}_R}.$$

Wie in der Bemerkung nach Theorem 3.2 kann man dann zeigen, daß in einem separablen Banachraum jeder zu F isomorphe Teilraum stetig projizierbar ist. Somit ist F separabel injektiv, und nach einem Resultat von M.Zippin (siehe **[LT1]**, S.107) ist F isomorph zu c_0.

In unserem nächsten Resultat stellen wir sowohl Bedingungen an den Raum F als auch an die Operatoren S und R. Wir erinnern an die folgende Sprechweise. Ein Banachraum F besitzt die *Approximationseigenschaft*, wenn sich die Identität Id_F gleichmäßig auf kompakten Mengen durch Operatoren endlichen Ranges approximieren läßt (siehe **[LT1]**, 1.e).

3.6 Satz. *Seien E, F und G Banachräume und F besitze die Approximationseigenschaft. Weiter sei $S \in \mathfrak{L}(E,G)$ ein kompakter Operator. Dann gilt*

$$\begin{aligned} AC(S;F) &= \overline{\{QS : Q \in \mathfrak{L}(G,F)\}} \\ &= \{T \in \mathfrak{L}(E,F) : T \text{ ist kompakt und } \ker S \subseteq \ker T\}. \end{aligned}$$

Beweis. Wir setzen $K_S := \{T \in \mathfrak{L}(E,F) : T$ ist kompakt und $\ker S \subseteq \ker T\}$. Ist $T \in AC(S;F)$, so gilt $\ker S \subseteq \ker T$ (siehe (1.12)), und nach den Ausführungen im Anschluß an Theorem 4.1 ist T kompakt. Daher ist $\overline{\{QS : Q \in \mathfrak{L}(G,F)\}} \subseteq AC(S;F) \subseteq K_S$ und es bleibt noch die Inklusion $K_S \subseteq \overline{\{QS : Q \in \mathfrak{L}(G,F)\}}$ zu zeigen. Sei $T \in K_S$. Dann existiert eine Folge (T_n) von Operatoren endlichen Ranges auf F derart, daß (T_nT) in der Operatornorm gegen T konvergiert (siehe **[LT1]**, 1.e.4). Wegen $\ker S \subseteq \ker T \subseteq \ker T_nT$ gibt es Operatoren $Q_n \in \mathfrak{L}(G,F), n \in \mathbb{N}$, von endlichem Rang mit der Eigenschaft $T_nT = Q_nS$. Dies beweist die Behauptung. ∎

Bemerkung. Satz 3.6 charakterisiert Banachräume mit der Approximationseigenschaft. Ist nämlich F ein Banachraum und gilt für beliebige Banachräume E und G und jeden kompakten Operator $S \in \mathfrak{L}(E,G)$ die Beziehung

$$AC(S;F) = \overline{\{QS : Q \in \mathfrak{L}(G,F)\}},$$

dann besitzt F die Approximationseigenschaft.

Sei dazu K eine kompakte Menge in F. Ohne Einschränkung können wir annehmen, daß $K = \overline{\operatorname{acv}\{x_n : n \in \mathbb{N}\}}$ die abgeschlossene, absolutkonvexe Hülle einer Nullfolge (x_n) in F ist (**[LT1]**, 1.e.2). Die Menge $U := \overline{\operatorname{acv}\{\|x_n\|^{-1/2}x_n : n \in \mathbb{N}\}}$ ist kompakt. Mit E bezeichnen wir die lineare Hülle von U, versehen mit dem Eichfunktional von

U als Norm. Der Raum E ist ein Banachraum (siehe [**S1**], II.8.3) und die kanonische Injektion $T : E \to F$ ist kompakt. Dann ist auch T' kompakt, und es existiert eine Nullfolge (x'_n) in E' mit der Eigenschaft $T'B_{F'} \subseteq \overline{\text{acv}\{x'_n : n \in \mathbb{N}\}}$ (siehe [**LT1**], 1.e.2). Definieren wir $S : E \to c_0 : x \mapsto (< x, x'_n >)$, so ist S kompakt und wegen $T'B_{F'} \subseteq \overline{\text{acv}\{x'_n : n \in \mathbb{N}\}} = S'B_{l_1}$ gilt $T \ll S$ (Satz 2.1). Nach Voraussetzung existiert ein Operator $Q \in \mathfrak{L}(c_0, F)$, so daß $\|T - QS\| < \varepsilon$ ist. Wegen der Kompaktheit von S finden wir einen Operator endlichen Ranges $\tilde{S} \in \mathfrak{L}(c_0)$ derart, daß $\|S - \tilde{S}S\| < \|Q\|^{-1}\varepsilon$ ist. Damit folgt $\|T - Q\tilde{S}S\| < 2\varepsilon$. Ist $\sum_{k=1}^m y'_k \otimes u_k$ eine Darstellung von $Q\tilde{S}S$ für passende $y'_k \in E'$, $u_k \in F$, $1 \leq k \leq m$, $m \in \mathbb{N}$, so erhalten wir $\sup_{x \in K} \|x - \sum_{k=1}^m < x, y'_k > u_k\| < 2\varepsilon$. Nun können wir wie im Beweis von [**LT1**], 1.e.4, (v) $\Rightarrow$ (i), einen Operator endlichen Ranges $\tilde{T} \in \mathfrak{L}(F)$ mit der Eigenschaft $\sup_{x \in K} \|x - \tilde{T}x\| < 3\varepsilon$ konstruieren. Damit folgt die Behauptung.

Es bezeichne $\mathfrak{K}(E, F)$ die Menge der kompakten Operatoren von einem Banachraum E in einen Banachraum F. Wir erhalten aus Satz 3.6 die nachstehende Folgerung.

3.7 Korollar. *Seien E, F und G Banachräume und $S \in \mathfrak{L}(E, G)$ sei kompakt. Dann ist*

$$AC(S; F) = K_S := \{T \in \mathfrak{L}(E, F) : T \text{ ist kompakt und } \ker S \subseteq \ker T\}.$$

Insbesondere gilt $AC(S; F) = \mathfrak{K}(E, F)$ für den Fall, daß S injektiv ist.

Beweis. Aus dem Beweis von Satz 3.6 geht hervor, daß nur die Inklusion $K_S \subseteq AC(S; F)$ nachzuweisen ist. Sei also $T \in \mathfrak{K}(E, F)$ und es gelte $\ker S \subseteq \ker T$. Es sei $J_F : F \to l_\infty^{B_{F'}} : x \mapsto (< x, x' >)_{x' \in B_{F'}}$ die kanonische Einbettung. Dann ist $J_F T \in \mathfrak{K}(E, l_\infty^{B_{F'}})$ und es gilt $\ker S \subseteq \ker J_F T$. Da $l_\infty^{B_{F'}}$ die Approximationseigenschaft besitzt ([**Pi**], 10.2.3), ist $J_F T \in AC(S; l_\infty^{B_{F'}})$ (Satz 3.6). Wegen (1.9) folgt hieraus $T \in AC(S; F)$, und damit ist die Aussage bewiesen. ∎

Im verbleibenden Teil dieses Abschnitts befassen wir uns mit Operatoren, deren Adjungierte zueinander absolutstetig sind. Bei gegebenen Operatoren $S \in \mathfrak{L}(G, E)$ und $R \in \mathfrak{L}(H, E)$ und Banachräumen E, F, G und H definieren wir

$$AC^{\text{dual}}(S, R; F) := \{T \in \mathfrak{L}(F, E) : T' \ll (S', R')\}. \tag{3.2}$$

Ist $H = E$ und $R = Id_E$, so schreiben wir $AC^{\text{dual}}(S; F)$ anstelle von $AC^{\text{dual}}(S, R; F)$.

Im Hinblick auf Bemerkung c) nach Satz 2.3 möchten wir den folgenden Teilraum von $AC^{\text{dual}}(S, R; F)$ hervorheben:

$$\widetilde{AC}^{\text{dual}}(S, R; F) := \{T \in \mathfrak{L}(F, E) : \text{Zu jedem } \varepsilon > 0 \text{ existiert ein } N_\varepsilon \geq 0 \text{ derart, daß } TB_F \subseteq N_\varepsilon SB_G + \varepsilon RB_H\}. \tag{3.3}$$

Mit $\mathcal{S}_R$ bezeichnen wir die eindeutig bestimmte, translationsinvariante Topologie auf $\mathfrak{L}(F,E)$, welche die Familie $(\{T \in \mathfrak{L}(F,E) : TB_F \subseteq \varepsilon RB_H\})_{\varepsilon>0}$ als Nullumgebungsbasis besitzt. Ist $H = E$ und $R = Id_E$, so gilt $\widetilde{AC}^{\text{dual}}(S,R;F) = AC^{\text{dual}}(S;F)$ und $\mathcal{S}_R$ ist die von der Operatornorm erzeugte Topologie auf $\mathfrak{L}(F,E)$. Aus Satz 2.3 und der Definition von $\widetilde{AC}^{\text{dual}}(S,R;F)$ ergibt sich nun leicht der folgende Sachverhalt.

3.8 Lemma. *Seien E, F, G und H Banachräume. Weiter seien $S \in \mathfrak{L}(G,E)$ und $R \in \mathfrak{L}(H,E)$. Dann sind $AC^{\text{dual}}(S,R;F)$ und $\widetilde{AC}^{\text{dual}}(S,R;F)$ abgeschlossene Teilräume von $(\mathfrak{L}(F,E),\mathcal{S}_R)$.*

Auf den einfachen Beweis wollen wir nicht näher eingehen.

Als nächstes wenden wir uns einem zu Theorem 3.2 dualen Resultat zu. Wir erinnern zuvor an die folgende Bezeichnungsweise. Ein Banachraum F besitzt die *Lifting-Eigenschaft*, wenn für beliebige Banachräume X und Y, jede Surjektion $q \in \mathfrak{L}(X,Y)$ und jeden Operator $T \in \mathfrak{L}(F,Y)$ ein Lifting $\tilde{T} \in \mathfrak{L}(F,X)$ existiert, d.h. es gilt $T = q\tilde{T}$. Dies ist genau dann der Fall, wenn F isomorph zu einem komplementierbaren Teilraum von l_1^Γ für eine passende Indexmenge Γ ist([**Pi**], C.3.8).

3.9 Theorem. *Seien E, F, G und H Banachräume und F besitze die Lifting-Eigenschaft. Weiter seien $S \in \mathfrak{L}(G,E)$ und $R \in \mathfrak{L}(H,E)$ Operatoren. Dann gilt*

$$\widetilde{AC}^{\text{dual}}(S,R;F) = \overline{\{SQ : Q \in \mathfrak{L}(F,G)\}}^{\mathcal{S}_R}.$$

Insbesondere ist im Fall $H = E$ und $R = Id_E$

$$AC^{\text{dual}}(S;F) = \overline{\{SQ : Q \in \mathfrak{L}(F,G)\}}.$$

Beweis. Die Inklusion $\overline{\{SQ : Q \in \mathfrak{L}(F,G)\}}^{\mathcal{S}_R} \subseteq \widetilde{AC}^{\text{dual}}(S,R;F)$ gilt nach Beispiel 1.4 und Lemma 3.8. Für die umgekehrte Inklusion nehmen wir zunächst an, daß $F = l_1^\Gamma$ ist. Es sei $T \in \widetilde{AC}^{\text{dual}}(S,R;F)$. Zu gegebenem $\varepsilon > 0$ wählen wir $N_\varepsilon \geq 0$ derart, daß $TB_{l_1^\Gamma} \subseteq N_\varepsilon SB_G + \varepsilon RB_H$ ist. Bezeichnet $(e_\gamma)_{\gamma\in\Gamma}$ die Familie der kanonischen Einheitsvektoren in l_1^Γ, so wählen wir für jedes $\gamma \in \Gamma$ ein $y_\gamma \in N_\varepsilon B_G$ mit der Eigenschaft $Te_\gamma - Sy_\gamma \in \varepsilon RB_H$. Setzen wir $Q : l_1^\Gamma \to G : (\xi_\gamma) \mapsto \sum_{\gamma\in\Gamma} \xi_\gamma y_\gamma$, so ist $(T - SQ)B_{l_1^\Gamma} \subseteq \varepsilon RB_H$ und damit ist die Behauptung in diesem Fall bewiesen. Die Aussage für den allgemeinen Fall folgt nun aus dem Vorhergehenden und der Tatsache, daß ein Banachraum mit der Lifting-Eigenschaft komplementiert in einem Raum l_1^Γ enthalten ist. ∎

Jeder Banachraum ist stetiges lineares Bild eines Raumes l_1^Γ für eine geeignete Indexmenge Γ. Als Folgerung aus Theorem 3.9 erhalten wir eine Erweiterung eines Resultats von H.Jarchow und U.Matter ([**JaM2**], 4(b)).

3.10 Korollar. *Seien $T \in \mathfrak{L}(F,E)$, $S \in \mathfrak{L}(G,E)$ und $R \in \mathfrak{L}(H,E)$ Operatoren zwischen Banachräumen E, F, G und H. Weiter sei q eine stetige, lineare Surjektion von einem Banachraum X mit der Lifting-Eigenschaft nach F. Es gilt genau dann $T \in \widetilde{AC}^{\mathrm{dual}}(S,R;F)$, wenn eine Folge (Q_n) in $\mathfrak{L}(X,G)$ existiert, so daß (SQ_n) $\mathcal{S}_R$-konvergent gegen Tq ist.*

4. Das Erblichkeitsverhalten absolutstetiger Operatoren und injektive und surjektive Operatorenideale

Wir wollen uns in diesem Paragraphen mit der Frage befassen, welche Eigenschaften sich bei gegebenen Operatoren S und R auf die zu (S,R) absolutstetigen Operatoren übertragen. Es gelten sehr allgemeine Aussagen, welche sich vorteilhaft in der Terminologie der Operatorenideale formulieren lassen. Ähnliche Ergebnisse wurden unabhängig von H.Jarchow und U.Matter (siehe [**JaM2**]) erzielt.

Wir beginnen mit einigen Bemerkungen zur Theorie abstrakter Operatorenideale. Im folgenden bezeichnen $\mathfrak{A}$ und $\mathfrak{B}$ stets Operatorenideale wie sie von A. Pietsch eingeführt wurden ([**Pi**], 1.1). Für Banachräume E und F sei $\mathfrak{A}(E,F) := \mathfrak{A} \cap \mathfrak{L}(E,F)$. Wir setzen $E^{\mathrm{sur}} := l_1^{\Gamma}$ für $\Gamma = B_E$ und $F^{\mathrm{inj}} := l_\infty^{\tilde{\Gamma}}$ für $\tilde{\Gamma} = B_{F'}$. Es bezeichne $Q_E : E^{\mathrm{sur}} \to E : (\xi_\gamma) \mapsto \sum_{\gamma\in\Gamma} \xi_\gamma \gamma$ die kanonische Surjektion und $J_F : F \to F^{\mathrm{inj}} : x \mapsto (< x, \tilde{\gamma} >)_{\tilde{\gamma}\in\tilde{\Gamma}}$ die kanonische Injektion. Ein Operator $T \in \mathfrak{L}(E,F)$ liegt genau dann in der ***injektiven Hülle*** $\mathfrak{A}^{\mathrm{inj}}$ von $\mathfrak{A}$, wenn

(4.1) $\qquad J_F T \in \mathfrak{A}(E, F^{\mathrm{inj}})$

ist, und T gehört genau dann zur ***surjektiven Hülle*** $\mathfrak{A}^{\mathrm{sur}}$ von $\mathfrak{A}$, wenn

(4.2) $\qquad TQ_E \in \mathfrak{A}(E^{\mathrm{sur}}, F)$

gilt. Wir schreiben $\mathfrak{A} \subseteq \mathfrak{B}$, falls $\mathfrak{A}(E,F) \subseteq \mathfrak{B}(E,F)$ für beliebige Banachräume E und F gilt. Es sei $\mathfrak{B}$ ein quasi-normiertes Operatorenideal mit Quasi-Norm $\|.\|_{\mathfrak{B}}$ (siehe [**Pi**], 6.1). Ist $\mathfrak{A} \subseteq \mathfrak{B}$, so gehört $T \in \mathfrak{L}(E,F)$ genau dann zum ***relativen Abschluß*** $\overline{\mathfrak{A}}^{\mathfrak{B}}$ von $\mathfrak{A}$ in $\mathfrak{B}$, wenn folgendes gilt:

(4.3) $\qquad$ Zu jedem $\varepsilon > 0$ existiert ein $T_\varepsilon \in \mathfrak{A}(E,F)$, so daß $\|T - T_\varepsilon\|_{\mathfrak{B}} \le \varepsilon$ ist.

Es gilt stets $\overline{\mathfrak{A}}^{\mathfrak{B}} \subseteq \overline{\mathfrak{A}}^{\mathfrak{L}}$, wo $\mathfrak{L}$ das Operatorenideal aller Operatoren bezeichnet (siehe [**Pi**], 6.1.4). Das Operatorenideal $\overline{\mathfrak{A}} := \overline{\mathfrak{A}}^{\mathfrak{L}}$ wird auch die ***abgeschlossene Hülle*** von $\mathfrak{A}$ genannt.

Unser erstes Resultat ist eine Folgerung aus Theorem 3.2 (siehe auch [**JaM2**], (4a)).

4.1 Theorem. *Es seien E, F, G und H Banachräume, $\mathfrak{B}$ ein quasi-normiertes Operatorenideal mit Quasi-Norm $\|.\|_{\mathfrak{B}}$ und $\mathfrak{A}$ ein Operatorenideal mit der Eigenschaft $\mathfrak{A} \subseteq \mathfrak{B}$. Für Operatoren $S \in \mathfrak{A}(E,G)$ und $R \in \mathfrak{B}(E,H)$ gilt dann*

$$AC(S,R;F) \subseteq (\overline{\mathfrak{A}}^{\mathfrak{B}})^{\mathrm{inj}}(E,F) \subseteq \overline{\mathfrak{A}}^{\mathrm{inj}}(E,F).$$

Beweis. Wie wir oben bemerkt haben, ist die Inklusion $(\overline{\mathfrak{A}}^{\mathfrak{B}})^{\mathrm{inj}}(E,F) \subseteq \overline{\mathfrak{A}}^{\mathrm{inj}}(E,F)$ immer richtig. Wir zeigen nun $AC(S,R;F) \subseteq (\overline{\mathfrak{A}}^{\mathfrak{B}})^{\mathrm{inj}}(E,F)$. Es sei $T \in AC(S,R;F)$ und $\varepsilon > 0$ fest. Da F^{inj} ein injektiver Banachraum ist, existiert nach Korollar 3.3 ein Operator $Q_\varepsilon \in \mathfrak{L}(G,F^{\mathrm{inj}})$ mit der Eigenschaft

$$\sup_{x \in R^{-1}B_H} \|J_F Tx - Q_\varepsilon Sx\| \leq \varepsilon.$$

Hieraus folgt $\|(J_F T - Q_\varepsilon S)x\| \leq \|Rx\|$ für jedes $x \in E$. Da F^{inj} 1-injektiv ist (siehe **[Pi]**, C.3.2), gibt es einen Operator $R_\varepsilon \in \mathfrak{L}(H,F^{\mathrm{inj}})$ derart, daß $\|R_\varepsilon\| \leq 1$ und $J_F T - Q_\varepsilon S = \varepsilon R_\varepsilon R$ ist (**[Pi]**, 8.4.4). Setzen wir $T_\varepsilon := Q_\varepsilon S$, dann ist $T_\varepsilon \in \mathfrak{A}(E,F^{\mathrm{inj}})$, und es gilt

$$\|J_F T - T_\varepsilon\|_{\mathfrak{B}} = \|\varepsilon R_\varepsilon R\|_{\mathfrak{B}} \leq \varepsilon \|R_\varepsilon\| \|R\|_{\mathfrak{B}} \leq \varepsilon \|R\|_{\mathfrak{B}},$$

wobei die erste Ungleichung aus der Definition quasi-normierter Operatorenideale folgt. Damit haben wir Bedingung (4.3) für den Operator $J_F T$ nachgewiesen und es gilt $J_F T \in (\overline{\mathfrak{A}}^{\mathfrak{B}})(E,F)$. Hieraus folgt schließlich $T \in (\overline{\mathfrak{A}}^{\mathfrak{B}})^{\mathrm{inj}}(E,F)$. ∎

Ist $\mathfrak{A}$ ein abgeschlossenes, injektives Operatorenideal, d.h. es ist $\mathfrak{A} = \overline{\mathfrak{A}}^{\mathrm{inj}}$, so gilt nach Theorem 4.1 für $S \in \mathfrak{A}(E,G)$ und jeden Operator $R \in \mathfrak{L}(E,H)$ stets $AC(S,R;F) \subseteq \mathfrak{A}(E,F)$. Jeder zu (S,R) absolutstetige Operator erbt also von S die Eigenschaft, in $\mathfrak{A}$ zu liegen. Die nachfolgend aufgeführten Operatorenideale sind alle abgeschlossen und injektiv:

$\mathfrak{K}$: Ideal der kompakten Operatoren (**[Pi]**, 4.6.12),

$\mathfrak{W}$: Ideal der schwach kompakten Operatoren (**[Pi]**, 4.6.12),

$\mathfrak{V}$: Ideal der Dunford-Pettis-Operatoren (**[Pi]**, 1.6.1, 4.6.12),
($T \in \mathfrak{L}(E,F)$ heißt *Dunford-Pettis-Operator*, wenn T schwache Nullfolgen in Norm-Nullfolgen abbildet,)

$\mathfrak{U}$: Ideal der c_0-singulären Operatoren (**[Pi]**, 1.7.3, 4.6.12),
($T \in \mathfrak{L}(E,F)$ heißt *c_0-singulär*, wenn es keinen zu c_0 isomorphen Teilraum G in E gibt derart, daß $T_{|G}$ ein Isomorphismus ist,)

$\mathfrak{Ro}$: Ideal der l_1-singulären Operatoren (**[He]**, Thm.2.3),
($T \in \mathfrak{L}(E,F)$ heißt *l_1-singulär*, wenn es keinen zu l_1 isomorphen Teilraum G in E gibt derart, daß $T_{|G}$ ein Isomorphismus ist,)

$\mathfrak{S}$: Ideal der strikt singulären Operatoren ([**Pi**], 1.9, 4.2.7, 4.6.14), ($T \in \mathfrak{L}(E,F)$ heißt ***strikt singulär***, wenn es keinen unendlich dimensionalen Teilraum G von E gibt derart, daß $T_{|G}$ ein Isomorphismus ist,)

$\mathfrak{X}$: Ideal der Operatoren mit separablem Bild ([**Pi**], 1.8, 4.6.12),

$\mathfrak{BS}$: Ideal der Banach-Saks-Operatoren ([**DiS**], Thm.1),

$\mathfrak{Y}$: Ideal der Radon-Nikodým-Operatoren ([**Pi**], 24.2),

$\mathfrak{Q}$: Ideal der zerlegenden Operatoren (decomposing operators) ([**Pi**], 24.4),

$\mathfrak{UC}$: Ideal der gleichmäßig konvexifizierenden Operatoren (uniformly convexifying operators) ([**B1**]).

Im zweiten Teil dieses Paragraphen befassen wir uns mit der Situation, in der die adjungierten Operatoren zueinander absolutstetig sind. Wir erhalten ein zu Theorem 4.1 duales Ergebnis. Den Schlüssel dazu liefert Korollar 3.10. Wir erinnern an die Definition von $\widetilde{AC}^{\text{dual}}(S,R;F)$ (siehe (3.3)).

Es gilt nun das folgende Resultat (siehe auch [**JaM2**], (4b)).

4.2 Theorem. *Es seien E, F, G und H Banachräume, $\mathfrak{B}$ sei ein quasi-normiertes Operatorenideal mit Quasi-Norm $\|.\|_{\mathfrak{B}}$, und $\mathfrak{A}$ sei ein Operatorenideal mit der Eigenschaft $\mathfrak{A} \subseteq \mathfrak{B}$. Für Operatoren $S \in \mathfrak{A}(G,E)$ und $R \in \mathfrak{B}(H,E)$ gilt dann*

$$\widetilde{AC}^{\text{dual}}(S,R;F) \subseteq (\overline{\mathfrak{A}}^{\mathfrak{B}})^{\text{sur}}(F,E) \subseteq \overline{\mathfrak{A}}^{\text{sur}}(F,E).$$

Beweis. Sei $T \in \widetilde{AC}^{\text{dual}}(S,R;F)$ und $\varepsilon > 0$ fest. Da F^{sur} die Lifting-Eigenschaft besitzt, existiert nach Korollar 3.10 ein Operator $Q_\varepsilon \in \mathfrak{L}(F^{\text{sur}},G)$ derart, daß $(TQ_F - SQ_\varepsilon)B_{F^{\text{sur}}} \subseteq \varepsilon RB_H$ gilt. Da F^{sur} sogar die metrische Lifting-Eigenschaft besitzt (siehe [**Pi**], C.3.6), gibt es einen Operator $R_\varepsilon \in \mathfrak{L}(F^{\text{sur}},H)$ mit den Eigenschaften $\|R_\varepsilon\| \le 1+\varepsilon$ und $TQ_F - SQ_\varepsilon = \varepsilon RR_\varepsilon$ ([**Pi**], 8.5.4). Setzen wir $T_\varepsilon := SQ_\varepsilon$, dann ist $T_\varepsilon \in \mathfrak{A}(F^{\text{sur}},E)$ und es gilt

$$\|TQ_F - T_\varepsilon\|_{\mathfrak{B}} = \|\varepsilon RR_\varepsilon\|_{\mathfrak{B}} \le \varepsilon\|R\|_{\mathfrak{B}}\|R_\varepsilon\| \le \varepsilon(1+\varepsilon)\|R\|_{\mathfrak{B}},$$

wobei die erste Ungleichung aus der Definition quasi-normierter Operatorenideale folgt. Hieraus ergibt sich $TQ_F \in (\overline{\mathfrak{A}}^{\mathfrak{B}})(F^{\text{sur}},E)$ und somit ist $T \in (\overline{\mathfrak{A}}^{\mathfrak{B}})^{\text{sur}}(F,E)$. Die zweite Inklusion ist wegen $\overline{\mathfrak{A}}^{\mathfrak{B}} \subseteq \overline{\mathfrak{A}}$ immer richtig, und damit ist das Theorem bewiesen. ∎

Sei nun $\mathfrak{A}$ ein abgeschlossenes, surjekives Operatorenideal, d.h. $\mathfrak{A} = \overline{\mathfrak{A}}^{\text{sur}}$. Für Operatoren $S \in \mathfrak{A}(G,E)$ und $R \in \mathfrak{L}(H,E)$ gilt dann nach Theorem 4.2 stets

$$AC^{\text{dual}}(S,R;F) \subseteq AC^{\text{dual}}(S;F) = \widetilde{AC}^{\text{dual}}(S;F) \subseteq \mathfrak{A}(F,E).$$

Jeder Operator $T \in AC^{\text{dual}}(S, R; F)$ erbt also von S die Eigenschaft, dem Operatorenideal $\mathfrak{A}$ anzugehören. Nachstehend sind Beispiele von abgeschlossenen, surjektiven Operatorenidealen aufgeführt:

$\mathfrak{K}$([**Pi**], 4.7.12), $\mathfrak{W}$([**Pi**], 4.7.12), $\mathfrak{Ro}$([**He**], Thm.2.3), $\mathfrak{X}$([**Pi**], 4.7.12), $\mathfrak{BS}$([**DiS**], Thm.1), $\mathfrak{Q}$([**Pi**], 24.4.3), $\mathfrak{UC}$([**B1**]), und außerdem

$\mathfrak{Gr}$: Ideal der Grothendieck-Operatoren,
($T \in \mathfrak{L}(F, E)$ heißt *Grothendieck-Operator*, wenn $T' : E' \to F'$ $\sigma(E', E)$-$\sigma(F', F'')$-folgenstetig ist),

$\mathfrak{Li}$: Ideal der limitierten Operatoren,
($T \in \mathfrak{L}(F, E)$ heißt *limitiert*, wenn $T' : E' \to F'$ $\sigma(E', E)$-$\|.\|_{F'}$-folgenstetig ist),

$\mathfrak{T}$: Ideal der strikt kosingulären Operatoren ([**Pi**], 1.10, 4.2.7, 4.7.14).

Bemerkungen. a) Eine teilweise Umkehrung der Aussagen von Theorem 4.1 und Theorem 4.2 wurde von H.Jarchow und U.Matter bewiesen ([**JaM2**], (4a)), (4b)).

b) Es sei $\psi : (0, \infty) \to \mathbf{R}_+$ eine Funktion und $\mathfrak{A}$ und $\mathfrak{B}$ seien Operatorenideale. Ist $T \in \mathfrak{L}(E, F)$ und existieren Banachräume G und H sowie Operatoren $S \in \mathfrak{A}(E, G)$ und $R \in \mathfrak{B}(E, H)$ derart, daß

$$(4.4) \qquad \|Tx\| \leq \psi(\varepsilon)\|Sx\| + \varepsilon\|Rx\|$$

ist für alle $x \in E$ und alle $\varepsilon > 0$, so schreiben wir $T \ll_\psi (S, R)$ oder auch $T \in (\mathfrak{A}, \mathfrak{B})_\psi(E, F)$.
Ist $T \in \mathfrak{L}(F, E)$ und existieren Banachräume G und H und Operatoren $S \in \mathfrak{A}(G, E)$ und $R \in \mathfrak{B}(H, E)$ mit der Eigenschaft

$$(4.5) \qquad TB_F \subseteq \psi(\varepsilon)SB_G + \varepsilon RB_H$$

für alle $\varepsilon > 0$, so schreiben wir $T \in (\mathfrak{A}, \mathfrak{B})^\psi(F, E)$.
Ist $\inf_{\varepsilon>0} \psi(\varepsilon) + \varepsilon > 0$, so werden auf diese Weise Operatorenideale $(\mathfrak{A}, \mathfrak{B})_\psi$ und $(\mathfrak{A}, \mathfrak{B})^\psi$ definiert. Für $\psi(\varepsilon) = \varepsilon^{\frac{\theta}{\theta-1}}$, $\theta \in (0, 1)$, haben H.Jarchow und U.Matter Ideale vom Typ $(\mathfrak{A}, \mathfrak{B})_\psi$ und $(\mathfrak{A}, \mathfrak{B})^\psi$ genauer untersucht (siehe [**Ma2**], [**JaM2**]).

5. Absolutstetigkeiterzeugende Ungleichungen

Zusätzlich zu der geometrischen Beschreibung der Absolutstetigkeit aus §2 wollen wir in diesem Paragraphen zwei weitere Charakterisierungen vorstellen. Wir gehen dabei von der folgenden Situation aus.

Es seien $T \in \mathfrak{L}(E,F)$, $S \in \mathfrak{L}(E,G)$ und $R \in \mathfrak{L}(E,H)$ Operatoren zwischen den Banachräumen E, F, G und H. Ist

$$(5.1) \qquad \|Tx\| \leq \|Sx\|^{1-\theta}\|Rx\|^{\theta} \quad \text{für jedes } x \in E$$

und festes $\theta \in (0,1)$, dann gilt $T \ll (S,R)$ (siehe Beispiel 1.8). Definieren wir $\phi : \mathbf{R}_+^2 \to \mathbf{R}_+ : (\xi,\eta) \mapsto \xi^{1-\theta}\eta^{\theta}$, so schreibt sich Bedingung (5.1) als

$$(5.2) \qquad \|Tx\| \leq \phi(\|Sx\|, \|Rx\|) \quad \text{für jedes } x \in E.$$

Im ersten Teil dieses Paragraphen wollen wir uns nun der Frage widmen, für welche Funktionen $\phi : \mathbf{R}_+^2 \to \mathbf{R}_+$ wir aus (5.2) schon $T \ll (S,R)$ erhalten, und ob umgekehrt aus $T \ll (S,R)$ die Existenz einer Funktion ϕ folgt, für die Beziehung (5.2) gilt.

Wir verwenden im folgenden die beiden nachstehenden Bezeichnungsweisen.

(5.3) Sei $D \subseteq \mathbf{R}^n$, $n \in \mathbf{N}$, und $\phi : D \to \mathbf{R}$ sei eine Funktion.

a) ϕ heißt *positiv homogen (vom Grad eins)*, wenn
$$\phi(\alpha\xi_1, ..., \alpha\xi_n) = \alpha\phi(\xi_1, ..., \xi_n)$$
für alle $(\xi_1, ..., \xi_n) \in D$ und alle $\alpha \in \mathbf{R}_+$ gilt, vorausgesetzt $(\alpha\xi_1, ..., \alpha\xi_n)$ liegt in D.

b) ϕ heißt *konkav*, wenn
$$\begin{aligned}\alpha\phi(\xi_1, ..., \xi_n) &+ (1-\alpha)\phi(\eta_1, ..., \eta_n) \\ &\leq \phi(\alpha\xi_1 + (1-\alpha)\eta_1, ..., \alpha\xi_n + (1-\alpha)\eta_n)\end{aligned}$$
für alle $(\xi_1, ..., \xi_n), (\eta_1, ..., \eta_n) \in D$ und alle $0 < \alpha < 1$ gilt, vorausgesetzt $(\alpha\xi_1 + (1-\alpha)\eta_1, ..., \alpha\xi_n + (1-\alpha)\eta_n)$ liegt in D.

Sind $T \in \mathfrak{L}(E,F)$, $S \in \mathfrak{L}(E,G)$ und $R \in \mathfrak{L}(E,H)$ Operatoren zwischen den Banachräumen E, F, G und H, so ist die Aussage $T \ll (S,R)$ äquivalent zur Existenz einer Funktion $\psi : (0,\infty) \to \mathbf{R}_+$ mit der Eigenschaft

$$\|Tx\| \leq \psi(\varepsilon)\|Sx\| + \varepsilon\|Rx\| \quad \text{für alle } x \in E \text{ und alle } \varepsilon > 0.$$

In dieser Situation schreiben wir $T \ll_{\psi} (S,R)$ (siehe (4.4)).

Für eine Funktion $\psi : (0,\infty) \to \mathbf{R}_+$ definieren wir

$$(5.4) \qquad \phi_{\psi} : \mathbf{R}_+^2 \to \mathbf{R}_+ : (\xi,\eta) \mapsto \inf_{\varepsilon>0} \psi(\varepsilon)\xi + \varepsilon\eta.$$

Es gilt genau dann $T \ll_{\psi} (S,R)$, wenn $\|Tx\| \leq \phi_{\psi}(\|Sx\|, \|Rx\|)$ ist für jedes $x \in E$.

In dem folgenden Lemma sind einige Eigenschaften der Funktion ϕ_{ψ} zusammengefaßt.

5.1 Lemma. *Es sei $\psi : (0,\infty) \to \mathbf{R}_+$ eine Funktion und $\phi = \phi_\psi$ sei wie in (5.4) definiert. Dann gilt:*

a) *$\phi(0,\eta) = 0$ für jedes $\eta \in \mathbf{R}_+$.*

b) *ϕ ist in allen Punkten der Menge $(\{0\} \times \mathbf{R}_+) \cup (\mathbf{R}_+ \times \{0\})$ stetig.*

c) *ϕ ist positiv homogen.*

d) *ϕ ist konkav.*

Beweis. Die Aussagen a), c) und d) ergeben sich leicht aus der Definition von ϕ. Wir wollen Aussage b) beweisen. Es sei $((\xi_n, \eta_n))$ eine Folge in $\mathbf{R}_+^2$ mit $\lim_n(\xi_n, \eta_n) = (0, \eta)$. Zu festgehaltenem $\varepsilon > 0$ wählen wir $\varepsilon_0 > 0$, so daß $\varepsilon_0\eta_n < \varepsilon$ ist für jedes $n \in \mathbf{N}$. Wegen $\phi(\xi_n, \eta_n) \leq \psi(\varepsilon_0)\xi_n + \varepsilon_0\eta_n$ existiert ein $n_0 \in \mathbf{N}$ derart, daß $\phi(\xi_n, \eta_n) < 2\varepsilon$ ist für alle $n \geq n_0$. Dies beweist die Stetigkeit von ϕ in Punkten der Menge $\{0\} \times \mathbf{R}_+$. Sei nun $((\xi_n, \eta_n))$ eine Folge in $\mathbf{R}_+^2$ mit $\lim_n(\xi_n, \eta_n) = (\xi, 0)$. Für festes $\varepsilon > 0$ setzen wir $\alpha := \inf((\sup\{\xi_n : n \in \mathbf{N}\} \cup \{\xi\})^{-1}\varepsilon, \varepsilon)$. Wir wählen $\varepsilon_1 > 0$, so daß $\psi(\varepsilon_1) \leq \inf_{t>0} \psi(t) + \alpha$ ist. Dann gilt für jedes $n \in \mathbf{N}$

$$(\psi(\varepsilon_1) - \alpha)\xi_n \leq \inf_{t>0} \psi(t)\xi_n \leq \phi(\xi_n, \eta_n) \leq \psi(\varepsilon_1)\xi_n + \varepsilon_1\eta_n.$$

Weiter ist $\phi(\xi, 0) = \inf_{t>0} \psi(t)\xi$. Nun existiert ein $n_1 \in \mathbf{N}$, so daß $|\psi(\varepsilon_1)\xi_n - \psi(\varepsilon_1)\xi| + \varepsilon_1\eta_n \leq 2\varepsilon$ ist für jedes $n \geq n_1$. Damit erhalten wir schließlich

$$\begin{aligned} |\phi(\xi_n, \eta_n) - \phi(\xi, 0)| &\leq |\psi(\varepsilon_1)\xi_n + \varepsilon_1\eta_n - \phi(\xi_n, \eta_n)| + |\psi(\varepsilon_1)\xi_n + \varepsilon_1\eta_n - \phi(\xi, 0)| \\ &\leq \psi(\varepsilon_1)\xi_n + \varepsilon_1\eta_n - (\psi(\varepsilon_1) - \alpha)\xi_n + |\psi(\varepsilon_1)\xi_n - \psi(\varepsilon_1)\xi| + \varepsilon_1\eta_n \\ &\quad + |\psi(\varepsilon_1)\xi - \phi(\xi, 0)| \\ &\leq \alpha\xi_n + \varepsilon_1\eta_n + 2\varepsilon + \alpha\xi \leq 5\varepsilon \end{aligned}$$

für jedes $n \geq n_1$. Somit ist ϕ auch in den Punkten der Menge $\mathbf{R}_+ \times \{0\}$ stetig. ∎

Wir definieren nun die folgende Menge von Funktionen.

5.2 Definition. *Eine Funktion $\phi : \mathbf{R}_+^2 \to \mathbf{R}_+$ gehört zur Menge $\mathcal{AC}$, wenn ϕ den Bedingungen a)–d) von Lemma 5.1 genügt.*

Offenbar ist $\phi_\psi \in \mathcal{AC}$ für jede Funktion $\psi : (0,\infty) \to \mathbf{R}_+$. Aus $T \ll (S, R)$ folgt daher die Existenz einer Funktion $\phi \in \mathcal{AC}$ derart, daß $\|Tx\| \leq \phi(\|Sx\|, \|Rx\|)$ für alle $x \in E$ gilt. Wir zeigen, daß die Umkehrung hiervon ebenfalls richtig ist. Dies bereiten wir mit dem folgenden Lemma vor.

5.3 Lemma. *Es sei $\phi \in \mathcal{AC}$. Dann existiert zu jedem $\varepsilon > 0$ ein $N_\varepsilon \geq 0$ derart, daß*

$$\phi(\xi, \eta) \leq N_\varepsilon\xi + \varepsilon\eta \quad \text{für alle } (\xi, \eta) \in \mathbf{R}_+^2.$$

Beweis. Ohne Einschränkung sei $\phi \neq 0$. Wir definieren

$$C := \{(\xi, \eta, \zeta) : (\xi, \eta) \in \mathbf{R}_+^2, 0 \leq \zeta \leq \phi(\xi, \eta)\}.$$

Aus der Konkavität von ϕ folgt, daß C konvex ist. Wir halten $\varepsilon > 0$ fest und wählen $\xi_0 > 0$ mit der Eigenschaft $\phi(\xi_0, 1) \leq \varepsilon$ (Definition 5.2 a),b)). Es existiert eine Stützhyperebene von C durch den Punkt $(\xi_0, 1, \phi(\xi_0, 1))$ (siehe [**Ro**], Thm.11.6). Wir finden daher $(\alpha, \beta, \gamma) \in \mathbf{R}^3 \setminus \{0\}$ und $a \in \mathbf{R}$ mit den Eigenschaften

$$(*) \qquad \alpha\xi + \beta\eta + \gamma\zeta \geq a \text{ für alle } (\xi, \eta, \zeta) \in C \text{ und } \alpha\xi_0 + \beta + \gamma\phi(\xi_0, 1) = a.$$

Da ϕ positiv homogen ist, folgt $\lambda a \geq a$ für alle $\lambda \in \mathbf{R}_+$, was gleichbedeutend ist mit $a = 0$. Wegen $\mathbf{R}_+ \times \{0\} \times \{0\} \subseteq C$ und $\{0\} \times \mathbf{R}_+ \times \{0\} \subseteq C$ ist $\alpha \geq 0$ und $\beta \geq 0$. Da $\phi \neq 0$ ist, folgt hieraus $\gamma \leq 0$. Nun ist γ sogar echt kleiner Null, denn $\gamma = 0$ würde $\alpha = \beta = 0$ implizieren und das steht im Widerspruch zu $(\alpha, \beta, \gamma) \neq 0$. Ohne Einschränkung können wir sogar $\gamma = -1$ annehmen (ansonsten dividieren wir in $(*)$ durch $|\gamma|$). Damit schreibt sich $(*)$ wie folgt:

$$(**) \qquad \alpha\xi + \beta\eta - \zeta \geq 0 \text{ für alle } (\xi, \eta, \zeta) \in C \text{ und } \alpha\xi_0 + \beta - \phi(\xi_0, 1) = 0.$$

Die Gleichung in $(**)$ impliziert $\beta \leq \phi(\xi_0, 1) \leq \varepsilon$. Setzen wir in $(**)$ für ζ den Funktionswert $\phi(\xi, \eta)$ ein, so ergibt sich

$$\phi(\xi, \eta) \leq \alpha\xi + \beta\eta \leq \alpha\xi + \varepsilon\eta \text{ für alle } (\xi, \eta) \in \mathbf{R}_+^2.$$

Für $N_\varepsilon := \alpha$ folgt dann die Behauptung. ∎

Die zuvor angestellten Überlegungen führen zusammen mit Lemma 5.3 zu der folgenden Charakterisierung von Absolutstetigkeit.

5.4 Theorem. *Es seien $T \in \mathfrak{L}(E, F)$, $S \in \mathfrak{L}(E, G)$ und $R \in \mathfrak{L}(E, H)$ Operatoren zwischen den Banachräumen E, F, G und H. Die folgenden Aussagen sind äquivalent:*

a) $T \ll (S, R)$.

b) *Es existiert eine Funktion $\phi \in \mathcal{AC}$ derart, daß $\|Tx\| \leq \phi(\|Sx\|, \|Rx\|)$ gilt für alle $x \in E$.*

Wir kehren nun zu der multiplikativen Ungleichung in (5.1) zurück. Definieren wir $\rho : \mathbf{R}_+ \to \mathbf{R}_+ : t \mapsto t^{1-\theta}$, so schreibt sich (5.1) als

$$(5.5) \qquad \|Tx\| \leq \|Rx\| \rho\left(\tfrac{\|Sx\|}{\|Rx\|}\right) \text{ für jedes } x \in E$$

(dabei setzen wir $\|Rx\| \rho(\frac{\|Sx\|}{\|Rx\|}) = 0$ falls $\|Rx\| = 0$ ist).

Im zweiten Teil dieses Paragraphen wollen wir nun untersuchen, für welche Funktionen $\rho : \mathbf{R}_+ \to \mathbf{R}_+$ aus einer Ungleichung der Form (5.5) schon $T \ll (S, R)$ folgt und ob umgekehrt im Fall $T \ll (S, R)$ eine Aussage wie in (5.5) möglich ist.

Wir betrachten zunächst eine Funktion $\psi : (0, \infty) \to \mathbf{R}_+$ und definieren

$$(5.6) \qquad \rho_\psi : \mathbf{R}_+ \to \mathbf{R}_+ : t \mapsto \inf_{\varepsilon>0} \psi(\varepsilon)t + \varepsilon.$$

Eine elementare Rechnung zeigt, daß genau dann $T \ll_\psi (S, R)$ gilt, wenn für $x \in E$ und $\rho := \rho_\psi$ folgendes zutrifft:

$$(5.7) \qquad \|Tx\| \le \begin{cases} \|Rx\|\rho(\frac{\|Sx\|}{\|Rx\|}) & \text{falls } \|Rx\| > 0 \\ (\overline{\lim}_{t\to\infty} t^{-1}\rho(t))\|Sx\| & \text{falls } \|Rx\| = 0. \end{cases}$$

Einige Eigenschaften der Funktion ρ_ψ sind in dem nachfolgenden Lemma zusammengefaßt.

5.5 Lemma. *Sei $\psi : (0, \infty) \to \mathbf{R}_+$ eine Funktion und sei $\rho := \rho_\psi$ wie in (5.6) definiert. Dann gilt:*

a) *ρ ist stetig in Null mit $\rho(0) = 0$.*

b) $\overline{\lim}_{t\to\infty} t^{-1}\rho(t) < \infty$.

c) $\sup\{\rho(s) : 0 \le s \le t\} < \infty$ *für jedes* $t \ge 0$.

Beweis. Ist $\phi_\psi : \mathbf{R}_+^2 \to \mathbf{R}_+$ wie in (5.4) definiert, so gilt offenbar $\rho(t) = \phi_\psi(t, 1)$. Die Aussage a) folgt dann aus Lemma 5.1 a),b). Die Aussagen b) und c) ergeben sich leicht aus der Definition von ρ. ∎

Wir führen als nächstes den Begriff der AC-Funktion ein.

5.6 Definition. *Eine Funktion $\rho : \mathbf{R}_+ \to \mathbf{R}_+$ heißt AC-Funktion, wenn für ρ die Aussagen a)–c) von Lemma 5.5 gelten.*

Unsere bisherigen Betrachtungen haben ergeben, daß im Fall $T \ll (S, R)$ eine AC-Funktion ρ existiert, für die Bedingung (5.7) erfüllt ist. Wir zeigen, daß die Umkehrung hiervon ebenfalls gilt. Dazu beweisen wir zunächst das folgende Lemma.

5.7 Lemma. *Es sei $\phi : \mathbf{R}_+^2 \to \mathbf{R}_+$ eine Funktion. Dann sind die folgenden Aussagen äquivalent:*

a) *Zu jedem $\varepsilon > 0$ existiert eine Zahl $N_\varepsilon \ge 0$ derart, daß $\phi(\xi, \eta) \le N_\varepsilon \xi + \varepsilon\eta$ ist für alle $(\xi, \eta) \in \mathbf{R}_+^2$.*

b) *Es existiert eine AC-Funktion $\rho : \mathbf{R}_+ \to \mathbf{R}_+$ derart, daß gilt:*

$$\phi(\xi,\eta) \le \begin{cases} \eta\rho(\frac{\xi}{\eta}) & \text{für } (\xi,\eta) \in [0,\infty) \times (0,\infty) \\ \xi\overline{\lim}_{t\to\infty} t^{-1}\rho(t) & \text{für } (\xi,\eta) \in [0,\infty) \times \{0\}. \end{cases}$$

Beweis. *a)* $\Rightarrow$ *b)*: Für $\varepsilon > 0$ setzen wir $\psi(\varepsilon) := N_\varepsilon$, wobei N_ε der Bedingung von Aussage a) genügt. Für die so definierte Funktion $\psi : (0,\infty) \to \mathbf{R}_+$ setzen wir $\rho := \rho_\psi : \mathbf{R}_+ \to \mathbf{R}_+$ (siehe (5.6)). ρ ist eine AC-Funktion (Lemma 5.5) und eine elementare Rechnung zeigt, daß die in b) geforderte Ungleichung gilt.
b) $\Rightarrow$ *a)*: Sei ρ eine AC-Funktion und es gelte Aussage b). Wir halten $\varepsilon > 0$ fest. Wegen der Stetigkeit von ρ in Null existiert ein $\delta > 0$, so daß

$$\rho(t) < \varepsilon \quad \text{für jedes } t \in [0,\delta].$$

Setzen wir $\alpha := \overline{\lim}_{t\to\infty} t^{-1}\rho(t) < \infty$, dann gibt es ein $t_0 \ge \delta$ mit der Eigenschaft

$$\rho(t) \le (\alpha+1)t \quad \text{für alle } t \in [t_0,\infty).$$

Ist schließlich $\beta := \sup\{|\rho(\delta) - \rho(t)| : \delta \le t \le t_0\}$, so gilt

$$\rho(t) \le \beta + \rho(\delta) \le \tfrac{\beta}{\delta}t + \varepsilon \quad \text{für jedes } t \in [\delta, t_0].$$

Setzen wir $N_\varepsilon := \max\{\varepsilon, \alpha+1, \frac{\beta}{\delta}\}$, so erhalten wir

$$\rho(t) \le N_\varepsilon t + \varepsilon \quad \text{für jedes } t \in \mathbf{R}_+.$$

Für $(\xi,\eta) \in \mathbf{R}_+^2$ ist dann im Fall $\eta > 0$

$$\phi(\xi,\eta) \;\le\; \eta\rho(\tfrac{\xi}{\eta}) \;\le\; \eta(N_\varepsilon\tfrac{\xi}{\eta} + \varepsilon) \;=\; N_\varepsilon\xi + \varepsilon\eta$$

und im Fall $\eta = 0$

$$\phi(\xi,\eta) \;\le\; \xi(\overline{\lim}_{t\to\infty} t^{-1}\rho(t)) \;\le\; N_\varepsilon\xi.$$

Damit ist das Lemma bewiesen. ∎

Ist $\phi : \mathbf{R}_+^2 \to \mathbf{R}_+$ eine Funktion und existiert eine AC-Funktion $\rho : \mathbf{R}_+ \to \mathbf{R}_+$ derart, daß $\phi = \phi_\rho$ gilt mit

$$\text{(5.8)} \qquad \phi_\rho(\xi,\eta) := \begin{cases} \eta\rho(\frac{\xi}{\eta}) & \text{für } (\xi,\eta) \in [0,\infty) \times (0,\infty) \\ \xi\overline{\lim}_{t\to\infty} t^{-1}\rho(t) & \text{für } (\xi,\eta) \in [0,\infty) \times \{0\}, \end{cases}$$

so sagen wir, *ϕ wird von der AC-Funktion ρ erzeugt.*

5.8 Beispiel. Die Funktion $\phi : \mathbf{R}_+^2 \to \mathbf{R}_+$ sei positiv homogen, stetig in $(\{0\} \times \mathbf{R}_+) \cup (\mathbf{R}_+ \times \{0\})$ und es gelte $\phi(0,\eta) = 0$ für jedes $\eta \in \mathbf{R}_+$. Dann ist $\rho : \mathbf{R}_+ \to \mathbf{R}_+ : t \mapsto \phi(t,1)$ eine AC-Funktion und ϕ wird von ρ erzeugt. Dies ist insbesondere der Fall, wenn $\phi \in \mathcal{AC}$ ist.

Aus Lemma 5.7 und der dem Lemma vorausgehenden Bemerkung erhalten wir nun die folgende Charakterisierung der Absolutstetigkeit.

Theorem 5.9. *Es seien $T \in \mathfrak{L}(E,F)$, $S \in \mathfrak{L}(E,G)$ und $R \in \mathfrak{L}(E,H)$ Operatoren zwischen Banachräumen E, F, G und H. Die folgenden Aussagen sind äquivalent:*

a) $T \ll (S,R)$.

b) *Es existiert eine AC-Funktion $\rho : \mathbf{R}_+ \to \mathbf{R}_+$ derart, daß für jedes $x \in E$ gilt:*

$$\|Tx\| \leq \begin{cases} \|Rx\|\rho(\frac{\|Sx\|}{\|Rx\|}) & \textit{falls } \|Rx\| > 0 \\ (\overline{\lim}_{t\to\infty} t^{-1}\rho(t))\|Sx\| & \textit{falls } \|Rx\| = 0. \end{cases}$$

Zum Abschluß möchten wir kurz auf den Zusammenhang zwischen den Elementen der Menge $\mathcal{AC}$ und AC-Funktionen eingehen. In Beispiel 5.8 haben wir gesehen, daß jedes $\phi \in \mathcal{AC}$ von einer AC-Funktion erzeugt wird. Umgekehrt ist die von einer AC-Funktion ρ erzeugte Funktion ϕ_ρ im allgemeinen nicht in $\mathcal{AC}$ enthalten (ist zum Beispiel $\rho : \mathbf{R}_+ \to \mathbf{R}$ die charakteristische Funktion von $(1,\infty)$, so gilt $\phi_\rho \notin \mathcal{AC}$). Wegen Lemma 5.7 und Lemma 5.1 existiert jedoch stets ein $\phi \in \mathcal{AC}$, so daß $\phi_\rho \leq \phi$ gilt.

Auf diese Weise ergibt sich auch eine Beziehung zwischen den Charakterisierungen der Absolutstetigkeit in Theorem 5.4 und Theorem 5.9. Im weiteren Verlauf unserer Untersuchungen (Kapitel II und §16) verwenden wir hauptsächlich Theorem 5.9 und die Aussage von Beispiel 5.8.

II. Absolutstetigkeit in der Interpolationstheorie

Sei $1 < p < \infty$. Wir betrachten die kanonischen Injektionen $i_0 : L_\infty[0,1] \to L_\infty[0,1]$, $i_1 : L_\infty[0,1] \to L_1[0,1]$ und $i_p : L_\infty[0,1] \to L_p[0,1]$. Eine einfache Anwendung der Hölderschen Ungleichung führt zu der nachstehenden Aussage:

$$(*) \qquad \|i_p f\| \leq c_p \|i_0 f\|^{1-\frac{1}{p}} \|i_1 f\|^{\frac{1}{p}} \quad \text{für alle } f \in L_\infty[0,1]$$

(dabei ist $c_p \geq 0$ eine von p abhängige Konstante). Ganz analog folgt die Existenz einer Konstante $c'_p \geq 0$, so daß für die kanonischen Einbettungen $j_0 : L_\infty[0,1] \to L_1[0,1]$, $j_1 : L_1[0,1] \to L_1[0,1]$ und $j_p : L_p[0,1] \to L_1[0,1]$ die Bedingung

$$(**) \qquad \|j'_p f\| \leq c'_p \|j'_0 f\|^{\frac{1}{p}} \|j'_1 f\|^{1-\frac{1}{p}} \quad \text{für alle } f \in L_1[0,1]'$$

erfüllt ist. Nach Beispiel 1.8 gilt dann

$$(***) \qquad i_p \ll (i_0, i_1),\ i_p \ll (i_1, i_0),\ j'_p \ll (j'_0, j'_1) \text{ und } j'_p \ll (j'_1, j'_0).$$

Wenn wir $L_p[0,1]$ als Interpolationsraum bezüglich des Paars $(L_\infty[0,1], L_1[0,1])$ darstellen, dann sind $(*)$ und $(**)$ Spezialfälle einer Ungleichung, welche in Beziehung zu der verwendeten Interpolationsmethode steht (siehe [**BeL**], 3.5 (1), 3.5.1, 3.2.2). Somit erhalten wir einen interpolationstheoretischen Zugang zu den Aussagen in $(***)$.

In dem vorliegenden Kapitel beschäftigen wir uns zunächst (§7) mit Interpolationsmethoden, so daß für die erzeugten Interpolationsräume zu $(***)$ analoge Beziehungen gelten. Wir können dann die Ergebnisse des ersten Kapitels benutzen, um Aussagen über die Struktur von Interpolationsräumen und das Erblichkeitsverhalten interpolierter Operatoren zu erhalten (§7, §8). Als Spezialfälle ergeben sich Resultate von J.-L.Lions und J.Peetre ([**LP**], V.2) und S.Heinrich ([**He**], Prop.1.6, 1.7). Anschließend (§10) untersuchen wir eingehend eine konkrete Interpolationsmethode, welche die reelle Interpolationsmethode von J.-L.Lions und J.Peetre ([**LP**]) umfaßt. Dabei interessieren wir uns hauptsächlich für die Struktur der erzeugten Interpolationsräume und das Permanenzverhalten der interpolierten Operatoren. Unter anderem erhalten wir Verallgemeinerungen von Ergebnissen von B.Beauzamy ([**B2**], III.1), R.D.Neidinger ([**Ne2**], Thm.5) und M.Mastyło ([**M**], Thm.3.3).

6. Grundlagen der Interpolationstheorie

In diesem Paragraphen wollen wir einige grundlegende Fakten und Bezeichnungen aus der Interpolationstheorie bereitstellen, die im weiteren Verlauf des Kapitels von Wichtigkeit sein werden.

Ein Paar (X_0, X_1) von Banachräumen mit der Eigenschaft, daß sich X_0 und X_1 in einen gemeinsamen Hausdorffschen topologischen Vektorraum V stetig einbetten lassen, wird *Interpolationspaar* genannt. Die Normen von X_0 und X_1 bezeichnen wir stets mit $\|\cdot\|_0$ bzw. $\|\cdot\|_1$. Sind zusätzlich X_0 und X_1 Banachverbände, V ein Vektorverband und X_0 und X_1 Ideale in V, so nennen wir (X_0, X_1) ein *Interpolationspaar von Banachverbänden*.

Für ein Interpolationspaar (X_0, X_1) seien

$\Delta(X_0, X_1)$ der Raum $X_0 \cap X_1$, versehen mit der Norm $\|x\|_\Delta := \max(\|x\|_0, \|x\|_1)$

und

$\Sigma(X_0, X_1)$ der Raum $X_0 + X_1$, versehen mit der Norm $\|x\|_\Sigma := \inf\{\|x_0\|_0 + \|x_1\|_1 : x = x_0 + x_1, x_0 \in X_0, x_1 \in X_1\}$.

(6.1) Die Räume $\Delta(X_0, X_1)$ und $\Sigma(X_0, X_1)$ sind Banachräume ([**BeL**], 2.3.1). Ist (X_0, X_1) ein Interpolationspaar von Banachverbänden, dann sind $\Delta(X_0, X_1)$ und $\Sigma(X_0, X_1)$ Banachverbände.

Ein Banachraum X heißt *intermediärer Raum* bezüglich (X_0, X_1), wenn die Inklusionen $\Delta(X_0, X_1) \subseteq X \subseteq \Sigma(X_0, X_1)$ gelten und die Einbettungen stetig sind. Falls zusätzlich jeder Operator $T : \Sigma(X_0, X_1) \to \Sigma(X_0, X_1)$ mit stetigen Einschränkungen $T_0 : X_0 \to X_0$ und $T_1 : X_1 \to X_1$ den Raum X stetig in sich überführt, so nennen wir X einen *Interpolationsraum bezüglich* (X_0, X_1).

Sind (X_0, X_1) und (Y_0, Y_1) Interpolationspaare, dann setzen wir

$$\mathfrak{L}((X_0, X_1), (Y_0, Y_1)) := \{T \in \mathfrak{L}(\Sigma(X_0, X_1), \Sigma(Y_0, Y_1)) : \\ T \text{ bildet } X_k \text{ stetig in } Y_k \text{ ab}, k = 0, 1\}.$$

Für $T \in \mathfrak{L}((X_0, X_1), (Y_0, Y_1))$ sei $T_k \in \mathfrak{L}(X_k, Y_k)$, $k = 0, 1$, der von T induzierte Operator. Ein Funktor $\mathfrak{F}$ von der Kategorie der Interpolationspaare in die Kategorie der Banachräume heißt *Interpolationsfunktor*, wenn $\mathfrak{F}$ jedem Interpolationspaar (Z_0, Z_1) einen Interpolationsraum $\mathfrak{F}(Z_0, Z_1)$ bezüglich (Z_0, Z_1) zuordnet und wenn jeder Operator $T \in \mathfrak{L}((X_0, X_1), (Y_0, Y_1))$ den Raum $\mathfrak{F}(X_0, X_1)$ stetig in $\mathfrak{F}(Y_0, Y_1)$ abbildet. Den von T induzierten Operator von $\mathfrak{F}(X_0, X_1)$ nach $\mathfrak{F}(Y_0, Y_1)$ bezeichnen wir mit $T_\mathfrak{F}$. Dann gilt folgende Normabschätzung:

(6.2) Es existiert eine von $\mathfrak{F}, (X_0, X_1)$ und (Y_0, Y_1) abhängende Konstante $C \geq 0$ derart, daß für jedes $T \in \mathfrak{L}((X_0, X_1), (Y_0, Y_1))$ die Beziehung $\|T_\mathfrak{F}\| \leq C \max(\|T_0\|, \|T_1\|)$ gilt ([**BeL**], S.28).

Ist $\phi : \mathbf{R}_+^2 \to \mathbf{R}_+$ eine positiv homogene Funktion ((5.3)), so heißt ein Interpolationsfunktor $\mathcal{F}$ *vom Typ* ϕ, wenn folgendes gilt:

(6.3) Es existiert eine von $\mathcal{F}, (X_0, X_1)$ und (Y_0, Y_1) abhängende Konstante $c \geq 0$ derart, daß für jedes $T \in \mathfrak{L}((X_0, X_1), (Y_0, Y_1))$ die Ungleichung $\|T_{\mathcal{F}}\| \leq c\phi(\|T_0\|, \|T_1\|)$ erfüllt ist.

Ist in (6.3) $\phi = \phi_\theta : \mathbf{R}_+^2 \to \mathbf{R}_+ : (\xi, \eta) \mapsto \xi^{1-\theta}\eta^\theta$, $0 < \theta < 1$, so nennt man $\mathcal{F}$ einen *Interpolationsfunktor zum Exponent* θ. Kann die Konstante C in (6.2) immer gleich eins gewählt werden, so heißt der Interpolationsfunktor *exakt*. Ist $\mathcal{F}$ exakt und kann in (6.3) die Konstante c stets gleich eins gewählt werden, dann nennt man $\mathcal{F}$ *exakt vom Typ* ϕ und im Fall $\phi = \phi_\theta$, $0 < \theta < 1$, *exakt zum Exponent* θ ([**BeL**], 2.4, (6)).

Für $t > 0$ bezeichne $t\mathbf{R}$ den Raum $\mathbf{R}$, versehen mit der Norm $\|x\|_{t\mathbf{R}} := t|x|$. Sei $\mathcal{F}$ ein exakter Interpolationsfunktor. Für $(\xi, \eta) \in (0, \infty) \times (0, \infty)$ definieren wir $\phi_{\mathcal{F}}(\xi, \eta)$ durch die Gleichheit

$$\phi_{\mathcal{F}}(\xi, \eta)\mathbf{R} = \mathcal{F}(\xi\mathbf{R}, \eta\mathbf{R}). \tag{6.4}$$

Die Abbildung $\phi_{\mathcal{F}} : (0, \infty) \times (0, \infty) \to \mathbf{R}_+$ nennt man die *charakteristische Funktion* von $\mathcal{F}$. Sie ist positiv homogen und monoton wachsend (d.h. für $0 < \xi_0 \leq \xi_1$ und $0 < \eta_0 \leq \eta_1$ gilt $\phi(\xi_0, \eta_0) \leq \phi(\xi_1, \eta_1)$) ([**BKS**], S.2014).

Ist (X_0, X_1) ein Interpolationspaar, so setzen wir

$$\begin{aligned} K(t, x) = K(t, x, X_0, X_1) := \inf\{\|x_0\|_0 + t\|x_1\|_1 : x = x_0 + x_1, \\ x_0 \in X_0, x_1 \in X_1\} \end{aligned} \tag{6.5}$$

für $x \in X_0 + X_1$ und $t > 0$. Die Abbildung $K : (0, \infty) \times (X_0 + X_1) \to \mathbf{R}_+ : (t, x) \mapsto K(t, x)$ wird *K–Funktional* genannt. Für $0 < \theta < 1$ und $1 \leq p < \infty$ sind die Räume

$$\begin{aligned} &(X_0, X_1)_{\theta,p} := \{x \in X_0 + X_1 : \left(\textstyle\int_0^\infty (t^{-\theta}K(t, x))^p \frac{dt}{t}\right)^{1/p} < \infty\} \text{ und} \\ &(X_0, X_1)_{\theta,\infty} := \{x \in X_0 + X_1 : \sup_{0<t<\infty} t^{-\theta}K(t, x) < \infty\}, \end{aligned} \tag{6.6}$$

versehen mit den Normen

$$\|x\|_{\theta,p} := \Big(\int_0^\infty (t^{-\theta}K(t, x))^p \frac{dt}{t}\Big)^{1/p} \text{ und } \|x\|_{\theta,\infty} := \sup_{0<t<\infty} t^{-\theta}K(t, x)$$

Interpolationsräume bezüglich (X_0, X_1) ([**BeL**], 3.1.2). Die so definierten Interpolationsfunktoren $\mathcal{K}_{\theta,p}$, $0 < \theta < 1$, $1 \leq p \leq \infty$, sind exakt zum Exponent θ ([**BeL**], 3.1.2). Die charakteristische Funktion $\phi_{\theta,p}$ von $\mathcal{K}_{\theta,p}$ ist gegeben durch

$$\begin{aligned} &\phi_{\theta,p}(\xi, \eta) = \left(\tfrac{1}{p(1-\theta)} + \tfrac{1}{p\theta}\right)^{1/p} \xi^{1-\theta}\eta^\theta, \quad 1 \leq p < \infty, \\ &\phi_{\theta,\infty}(\xi, \eta) = \xi^{1-\theta}\eta^\theta, \quad p = \infty. \end{aligned} \tag{6.7}$$

Für weitere Einzelheiten zu den verwendeten Begriffen und Ergebnissen aus der Interpolationstheorie verweisen wir auf die Monographie [**BeL**] von J.Bergh und J.Löfström und den Übersichtsartikel [**BKS**] von Y.A.Brudnyi, S.G.Krein und E.M.Semenov.

7. Absolutstetigkeit in der Interpolationstheorie

In diesem Abschnitt wollen wir aufzeigen, wo das Konzept der Absolutstetigkeit von Operatoren in der Interpolationstheorie auftritt. Wir gehen von einem "trivialen" Interpolationspaar (X,X), einem Interpolationspaar (Y_0,Y_1), einem Interpolationsfunktor $\mathfrak{F}$ sowie einem Operator $T \in \mathfrak{L}((X,X),(Y_0,Y_1))$ aus. Der Operator T induziert Operatoren

$$(7.1) \qquad T_0 : X \to Y_0, \; T_1 : X \to Y_1 \text{ und } T^{(\mathfrak{F})} : X \to \mathfrak{F}(Y_0,Y_1).$$

Die Operatoren T_0, T_1 und $T^{(\mathfrak{F})}$ genügen den Grundvoraussetzungen bei der Definition der Absolutstetigkeit (siehe Definition 1.2).

In unserem ersten Resultat geben wir eine hinreichende Bedingung für die Aussage $T^{(\mathfrak{F})} \ll (T_0,T_1)$. Wir erinnern an die Definition einer AC-Funktion (Definition 5.6), wann wir eine Abbildung $\phi : \mathbf{R}_+^2 \to \mathbf{R}_+$ als "von einer AC-Funktion erzeugt" bezeichnen (siehe (5.8)) und an den Begriff eines Interpolationsfunktors vom Typ ϕ ((6.3)). Mit den Bezeichnungen aus (7.1) ergibt sich nun das folgende Theorem.

7.1 Theorem. *Die Abbildung $\phi : \mathbf{R}_+^2 \to \mathbf{R}_+$ werde von einer AC-Funktion ρ erzeugt und $\mathfrak{F}$ sei ein Interpolationsfunktor vom Typ ϕ. Weiter sei X ein Banachraum, (Y_0,Y_1) ein Interpolationspaar und $T \in \mathfrak{L}((X,X),(Y_0,Y_1))$ ein Operator. Dann gilt $T^{(\mathfrak{F})} \ll (T_0,T_1)$.*

Beweis. Für festes $x \in X$ sei $M_x \in \mathfrak{L}((\mathbf{R},\mathbf{R}),(Y_0,Y_1))$ definiert durch $M_x(\lambda) := \lambda Tx$, $\lambda \in \mathbf{R}$. Für die induzierten Operatoren $M_{x,0} : \mathbf{R} \to Y_0$ und $M_{x,1} : \mathbf{R} \to Y_1$ gilt $\|M_{x,0}\| = \|T_0x\|_0$ und $\|M_{x,1}\| = \|T_1x\|_1$. Sei $d \in \mathbf{R}_+$ bestimmt durch die Gleichheit $\mathfrak{F}(\mathbf{R},\mathbf{R}) = d\mathbf{R}$. Bezeichnet $(M_x)_{\mathfrak{F}} : \mathfrak{F}(\mathbf{R},\mathbf{R}) \to \mathfrak{F}(Y_0,Y_1)$ den von M_x induzierten Operator, dann gilt

$$\|(M_x)_{\mathfrak{F}}\| = d^{-1}\|T^{(\mathfrak{F})}x\|.$$

Nach Voraussetzung ist $\mathfrak{F}$ ein Interpolationsfunktor vom Typ ϕ und somit existiert eine von M_x unabhängige Konstante $c \geq 0$ derart, daß

$$\|T^{(\mathfrak{F})}x\| = d\|(M_x)_{\mathfrak{F}}\| \leq c\phi(\|M_{x,0}\|, \|M_{x,1}\|) = c\phi(\|T_0x\|_0, \|T_1x\|_1)$$

gilt (siehe (6.3)). Da ϕ von einer AC-Funktion erzeugt wird, folgt mit Theorem 5.9 die Beziehung $T^{(\mathfrak{F})} \ll (T_0, T_1)$. ∎

Für den Beweis des Theorems genügt es selbstverständlich zu fordern, daß eine von einer AC-Funktion ρ erzeugte Funktion $\phi_\rho : \mathbf{R}_+^2 \to \mathbf{R}_+$ existiert, welche ϕ majorisiert.

Bemerkungen. a) Ist nicht ϕ sondern die Funktion $\tilde{\phi} : \mathbf{R}_+^2 \to \mathbf{R}_+ : (\xi, \eta) \mapsto \phi(\eta, \xi)$ von einer AC-Funktion erzeugt, so erhalten wir $T^{(\mathfrak{F})} \ll (T_1, T_0)$.

b) Ist die Abbildung $\phi : \mathbf{R}_+^2 \to \mathbf{R}_+$ positiv homogen, stetig in den Punkten der Menge $(\{0\} \times \mathbf{R}_+) \cup (\mathbf{R}_+ \times \{0\})$ und gilt $\phi(0, \eta) = 0$ für jedes $\eta \in \mathbf{R}_+$, dann wird ϕ von einer AC-Funktion erzeugt. Insbesondere gelten für jeden Interpolationsfunktor zum Exponent θ, $0 < \theta < 1$ (siehe (6.3)), die Aussagen von Theorem 7.1 und Bemerkung a).

c) Sei $\mathfrak{F}$ ein Interpolationsfunktor, und $T \in \mathfrak{L}((X, X), (Y_0, Y_1))$ erfülle die Bedingung $T^{(\mathfrak{F})} \ll (T_0, T_1)$. Weiter sei Y ein intermediärer Raum bezüglich (Y_0, Y_1), und es gelte $\mathfrak{F}(Y_0, Y_1) \subseteq Y$ mit stetiger kanonischer Einbettung. Es bezeichne $T_Y \in \mathfrak{L}(X, Y)$ den von $T \in \mathfrak{L}((X, X), (Y_0, Y_1))$ induzierten Operator. Mit Theorem 4.1 und (1.9) ergibt sich dann die folgende Aussage:

Ist $\mathfrak{A}$ ein Operatorenideal und $T_0 \in \mathfrak{A}(X, Y_0)$, dann gilt $T_Y \in \overline{\mathfrak{A}}^{\mathrm{inj}}(X, Y)$.

Den Spezialfall $\mathfrak{A} = \mathfrak{K}$ und $\mathfrak{F} = \mathcal{K}_{\theta,1}$ (siehe (6.6)ff.) haben J.-L.Lions und J.Peetre (**[LP]**, V.2.1) behandelt, während S.Heinrich (**[He]**, Prop.1.6) dieses Ergebnis für ein abgeschlossenes, injektives Operatorenideal $\mathfrak{A}$ und $\mathfrak{F} = \mathcal{K}_{\theta,1}$ erhielt.

Wir wollen nun den Fall eines exakten Interpolationsfunktors $\mathfrak{F}$ behandeln. Unter einer Bedingung an die charakteristische Funktion $\phi_{\mathfrak{F}}$ von $\mathfrak{F}$ gilt dieselbe Aussage wie in Theorem 7.1. Bevor wir darauf eingehen, möchten wir kurz einen Interpolationsfunktor vorstellen, der eine gewisse Minimalitätseigenschaft besitzt.

Es sei $\phi : (0, \infty) \times (0, \infty) \to \mathbf{R}_+$ eine von Null verschiedene, positiv homogene, monotone Funktion. Zum Beispiel können wir für ϕ die charakteristische Funktion eines exakten Interpolationsfunktors wählen (siehe (6.4)). Wir setzen ϕ in den Punkt $(0, 0)$ mit Funktionswert Null fort und bezeichnen die so erhaltene Fortsetzung wieder mit ϕ. Für ein Interpolationspaar (X_0, X_1) sei

$$\Lambda_\phi(X_0, X_1) := \{x \in X_0 + X_1 : \text{ Es existiert eine Folge } (x_n) \text{ in } X_0 \cap X_1, \text{ so daß}$$
$$(*)\ x = \sum_{n \geq 1} x_n \text{ in } \Sigma(X_0, X_1) \text{ und } \sum_{n \geq 1} \phi(\|x_n\|_0, \|x_n\|_1) < \infty\},$$

versehen mit der Norm

$$\|x\|_{\phi,1} := \inf\{\sum_{n\geq 1} \phi(\|x_n\|_0, \|x_n\|_1) : (x_n) \text{ in } X_0 \cap X_1 \text{ erfüllt } (*)\}.$$

Der Raum $\Lambda_\phi(X_0, X_1)$ ist ein Interpolationsraum, und der so definierte Interpolationsfunktor Λ_ϕ ist exakt und besitzt ϕ als charakteristische Funktion (siehe [**BKS**], S.2016). Ist $\mathcal{F}$ ein exakter Interpolationsfunktor mit charakteristischer Funktion $\phi_{\mathcal{F}} = \phi$, so gilt für jedes Interpolationspaar (X_0, X_1) die Inklusion

(7.2) $\Lambda_\phi(X_0, X_1) \subseteq \mathcal{F}(X_0, X_1)$ und die Einbettungsabbildung ist eine Kontraktion (siehe [**BKS**], S.2016).

Der Interpolationsfunktor Λ_ϕ ist also in gewissem Sinne minimal unter den exakten Interpolationsfunktoren mit charakteristischer Funktion ϕ.

Mit den Bezeichnungen von (7.1) gilt nun das folgende Resultat.

7.2 Theorem. *Es sei $\mathcal{F}$ ein exakter Interpolationsfunktor mit charakteristischer Funktion $\phi = \phi_{\mathcal{F}}$. Weiter seien X ein Banachraum, (Y_0, Y_1) ein Interpolationspaar und $T \in \mathcal{L}((X, X), (Y_0, Y_1))$.*

a) *Ist $\lim_{t\to 0} \phi(t, 1) = 0$, dann gilt $T^{(\mathcal{F})} \ll (T_0, T_1)$.*

b) *Ist $\lim_{t\to 0} \phi(1, t) = 0$, dann gilt $T^{(\mathcal{F})} \ll (T_1, T_0)$.*

Beweis. a) Wir zeigen zunächst, daß $\rho : \mathbf{R}_+ \to \mathbf{R}_+$ definiert durch $\rho(0) := 0$ und $\rho(t) := \phi(t, 1)$ für $t > 0$ eine AC-Funktion ist (siehe Definition 5.6). Aus der Bedingung $\lim_{t\to 0} \phi(t, 1) = 0$ folgt die Stetigkeit von ρ im Punkt Null. Da die Funktion $t \mapsto \phi(1, t)$, $t > 0$, monoton wächst ((6.4)ff.) und positiv ist, existiert $\lim_{t\to 0} \phi(1, t)$ in $\mathbf{R}_+$ und ist gleich $\lim_{t\to\infty} t^{-1}\rho(t)$. Wegen der Isotonie der Funktion $t \mapsto \phi(t, 1)$, $t > 0$ ((6.4)ff.), gilt $\sup_{0\leq s\leq t} \rho(s) = \phi(t, 1) < \infty$ für jedes $t > 0$. Damit besitzt ρ die Eigenschaften einer AC-Funktion.

Nach diesen Vorbemerkungen kommen wir nun zum eigentlichen Beweis der Behauptung. Der Operator T bildet X stetig in den Interpolationsraum $\Lambda_\phi(Y_0, Y_1)$ ab. Für $x \in X$ gilt $Tx \in Y_0 \cap Y_1$. Ohne Einschränkung sei $Tx \neq 0$. Aus der Definition der Norm von $\Lambda_\phi(Y_0, Y_1)$ folgt

$$\|Tx\|_{\phi,1} \leq \phi(\|Tx\|_0, \|Tx\|_1).$$

Für die von der AC-Funktion ρ erzeugte Funktion $\phi_\rho : \mathbf{R}_+^2 \to \mathbf{R}_+$ (siehe (5.8)) gilt $\phi_\rho(\xi, \eta) = \phi(\xi, \eta)$ für alle $\xi, \eta > 0$. Damit erhalten wir

$$\|Tx\|_{\phi,1} \leq \phi_\rho(\|Tx\|_0, \|Tx\|_1)$$

für jedes $x \in X$. Nach Theorem 5.9 ist dann $T^{(\Lambda_\phi)} \ll (T_0, T_1)$. Bezeichnet $i : \Lambda_\phi(Y_0, Y_1) \to \mathfrak{F}(Y_0, Y_1)$ die kanonische Einbettung (siehe (7.2)), so gilt $T^{(\mathfrak{F})} = iT^{(\Lambda_\phi)}$. Hieraus folgt schließlich $T^{(\mathfrak{F})} \ll (T_0, T_1)$ (siehe (1.9)).
Der Beweis von Aussage b) verläuft analog. ∎

Ist der Interpolationsfunktor $\mathfrak{F}$ exakt vom Typ ϕ ((6.3)), so lassen sich hinreichende Bedingungen für die Aussagen $T^{(\mathfrak{F})} \ll (T_0, T_1)$ und $T^{(\mathfrak{F})} \ll (T_1, T_0)$ durch Forderungen an die Funktion ϕ angeben.

7.3 Korollar. *Es seien $\phi : \mathbf{R}_+^2 \to \mathbf{R}_+$ eine positiv homogene Funktion und $\mathfrak{F}$ ein Interpolationsfunktor, der exakt vom Typ ϕ ist. Weiter seien X ein Banachraum, (Y_0, Y_1) ein Interpolationspaar und $T \in \mathfrak{L}((X, X), (Y_0, Y_1))$.*
a) *Ist $\lim_{t\to 0} \phi(t, 1) = 0$, dann gilt $T^{(\mathfrak{F})} \ll (T_0, T_1)$.*
b) *Ist $\lim_{t\to 0} \phi(1, t) = 0$, dann gilt $T^{(\mathfrak{F})} \ll (T_1, T_0)$.*

Beweis. Mit $\phi_\mathfrak{F}$ bezeichnen wir die charakteristische Funktion von $\mathfrak{F}$. Wenden wir den Interpolationsfunktor $\mathfrak{F}$ auf die Interpolationspaare $(\mathbf{R}, \mathbf{R})$ und $(\xi\mathbf{R}, \eta\mathbf{R})$ und die identische Abbildung an, so ergibt sich die Beziehung

$$\frac{\phi_\mathfrak{F}(\xi, \eta)}{\phi_\mathfrak{F}(1, 1)} \leq \phi(\xi, \eta)$$

für $\xi, \eta > 0$. Die Bedingung $\lim_{t\to 0} \phi(t, 1) = 0$ (bzw. $\lim_{t\to 0} \phi(1, t) = 0$) impliziert daher $\lim_{t\to 0} \phi_\mathfrak{F}(t, 1) = 0$ (bzw. $\lim_{t\to 0} \phi_\mathfrak{F}(1, t) = 0$). Die Behauptung folgt dann aus Theorem 7.2. ∎

Wie bereits erwähnt, erfüllt jeder Interpolationsfunktor zum Exponent θ, $0 < \theta < 1$, die Voraussetzungen von Theorem 7.1. Im folgenden wollen wir auf mehrere Interpolationsmethoden hinweisen, auf welche sich die zuvor bewiesenen Ergebnisse anwenden lassen.

7.4 Beispiele. Wir bezeichnen mit $\mathfrak{F}$ stets einen Interpolationsfunktor.

a) Ist $\mathfrak{F}$ exakt zum Exponent θ, $0 < \theta < 1$ ((6.3)ff.), so erfüllt $\mathfrak{F}$ die Voraussetzungen von Korollar 7.3 und Theorem 7.1. Insbesondere trifft dies auf die Interpolationsfunktoren $\mathcal{K}_{\theta,p}$, $1 \leq p \leq \infty$, $0 < \theta < 1$ ((6.6)ff.) zu und auf die Interpolationsfunktoren $\mathcal{C}_\theta$ und $\mathcal{C}^\theta$, $0 < \theta < 1$, die durch die komplexen Interpolationsmethoden von A.C.Calderon definiert sind (siehe [**BeL**], 4.1.2, 4.1.4).

b) Sei E ein Banachfunktionenraum über $((0, \infty), \frac{dt}{t})$ (siehe §9). Für jedes $t > 0$ sei D_t, definiert durch $D_t f(s) := f(st)$, ein Operator von E in sich. Die *Indikatorfunktion* $h : \mathbf{R}_+ \to \mathbf{R}_+$ von E ist gegeben durch $h(0) := 0$ und $h(t) := \|D_t\|$ für $t > 0$. Ist h eine AC-Funktion und ist $\mathfrak{F}$ definiert über die von J.Peetre ([**Pe**]) eingeführte verallgemeinerte K- bzw. J-Methode mit Parameter E, so erfüllt $\mathcal{F}$ die Voraussetzungen von Korollar 7.3 b) und Bemerkung a) nach Theorem 7.1 ([**Pe**], S.17, Thm.2, S.24, Thm.2).

c) Sei E ein umordnungsinvarianter Banachfunktionenraum auf dem Intervall $(0,\infty)$ mit Norm ρ (siehe [**LT2**], 2.a.1). Die Indikatorfunktion h von E ist wie in b) definiert. Ist $\mathcal{F}$ durch die von C.Bennett ([**Ben**]) eingeführte $(\rho;k)$- bzw. $(\rho;j)$-Methode gegeben und gilt $\lim_{t\to\infty} h(t) = 0$, dann erfüllt $\mathcal{F}$ die Voraussetzungen von Korollar 7.3 a) und Theorem 7.1 ([**Ben**], Thm.4.2, Thm.5.3). Die Bedingung $\lim_{t\to\infty} h(t) = 0$ ist äquivalent zu der Aussage, daß der untere Boyd-Index $\beta := \sup_{1<t<\infty} \frac{-\log h(t)}{\log t}$ von E echt größer Null ist ([**Ben**], Lemma 7.2). Ist der obere Boyd-Index $\alpha := \inf_{0<t<1} \frac{-\log h(t)}{\log t}$ von E echt kleiner Eins (was äquivalent ist zu $\lim_{t\to 0} th(t) = 0$ ([**Ben**], Lemma 7.1)), so erfüllt $\mathcal{F}$ die Voraussetzungen von Korollar 7.3 b) und Bemerkung a) nach Theorem 7.1.

d) Für eine Funktion $\rho : (0,\infty) \to \mathbf{R}_+$ und $t > 0$ sei $s_\rho(t) := \sup_{s>0} \frac{\rho(st)}{\rho(s)}$. Es bezeichne $\mathcal{P}^{+-}$ die Menge aller Funktionen $\rho : (0,\infty) \to \mathbf{R}_+$ mit den Eigenschaften

$$s_\rho(t) \leq C \max(1,t) \text{ für ein } C \geq 0 \text{ und alle } t \in (0,\infty) \text{ und}$$
$$\lim_{t\to 0,\infty} (\min(1,1/t)s_\rho(t)) = 0.$$

Ist $\mathcal{F}$ definiert über die von J.Gustavsson und J.Peetre ([**GuP**]) eingeführten Interpolationsräume (X_0,X_1,ρ), so erfüllt $\mathcal{F}$ die Voraussetzungen von Korollar 7.3 und Theorem 7.1 ([**GuP**], Prop.6.1).

e) Für ein festes Interpolationspaar (Y_0,Y_1) und festes $y \in Y_0 + Y_1$ sei $\mathcal{F}(X_0,X_1)$ der Orbitraum $\mathrm{Orb}(y,Y_0,Y_1;X_0,X_1)$ zu dem Interpolationspaar (X_0,X_1) ([**BKS**], S.2013). Dann ist $\mathcal{F}$ ein exakter Interpolationsfunktor mit charakteristischer Funktion

$$\phi_{\mathcal{F}}(\xi,\eta) = \left(\inf\{\xi^{-1}\|y_0\|_0 + \eta^{-1}\|y_1\|_1 : y = y_0 + y_1,\, y_0 \in Y_0,\, y_1 \in Y_1\}\right)^{-1}$$

([**BKS**], S.2015). Die Bedingung $\lim_{t\to 0} \phi_{\mathcal{F}}(t,1) = 0$ ist äquivalent zu der Aussage $\lim_{t\to 0} t^{-1}K(t,y,Y_0,Y_1) = \infty$, wobei K das K-Funktional bezeichnet ((6.5)). Somit erfüllt $\mathcal{F}$ die Voraussetzungen von Theorem 7.2 a), falls $\lim_{t\to 0} t^{-1}K(t,y,Y_0,Y_1) = \infty$ gilt. Entsprechend erfüllt $\mathcal{F}$ die Voraussetzungen von Theorem 7.2 b), wenn $\lim_{t\to\infty} K(t,y,Y_0,Y_1) = \infty$ ist.

Im zweiten Teil dieses Paragraphen wollen wir eine zum ersten Teil komplementäre Situation behandeln. Wir gehen von einem Interpolationspaar (X_0,X_1), einem Banachraum Y, einem Interpolationsfunktor $\mathcal{F}$ sowie einem Operator $T \in \mathfrak{L}((X_0,X_1),(Y,Y))$ aus. Der Operator T induziert Operatoren

$$\text{(7.3)} \qquad \begin{aligned} &T_\Delta : \Delta(X_0,X_1) \to Y,\ T_\Sigma : \Sigma(X_0,X_1) \to Y,\ T_0 : X_0 \to Y, \\ &T_1 : X_1 \to Y \text{ und } T_{(\mathcal{F})} : \mathcal{F}(X_0,X_1) \to Y. \end{aligned}$$

Im folgenden leiten wir hinreichende Bedingungen für die Aussagen $T'_{(\mathcal{F})} \ll (T'_0, T'_1)$, $T'_{(\mathcal{F})} \ll (T'_1, T'_0)$ und $T'_{(\mathcal{F})} \ll (T'_\Delta, T'_\Sigma)$ her. Zuvor möchten wir allerdings noch auf einen Interpolationsfunktor mit einer "Maximalitätseigenschaft" eingehen.

Es sei $\phi : (0,\infty) \times (0,\infty) \to \mathbf{R}_+$ eine von Null verschiedene, positiv homogene, monotone Funktion. Zum Beispiel sei ϕ die charakteristische Funktion eines exakten Interpolationsfunktors ((6.4)). Wir definieren

$$\phi^* : (0,\infty) \times (0,\infty) \to \mathbf{R}_+ : (\xi, \eta) \mapsto \frac{1}{\phi(\frac{1}{\xi}, \frac{1}{\eta})}.$$

Für ein Interpolationspaar (X_0, X_1) sei

$$M_\phi(X_0, X_1) := \{x \in X_0 + X_1 : \sup_{t>0} \frac{K(t,x)}{\phi^*(1,t)} < \infty\},$$

versehen mit der Norm

$$\|x\|_{\phi,\infty} := \sup_{t>0} \frac{K(t,x)}{\phi^*(1,t)}.$$

Dann ist $M_\phi(X_0, X_1)$ ein Interpolationsraum und definiert einen exakten Interpolationsfunktor M_ϕ mit charakteristischer Funktion ϕ. Ist nun $\mathcal{F}$ ein exakter Interpolationsfunktor mit charakteristischer Funktion $\phi_{\mathcal{F}} = \phi$, so gilt für jedes Interpolationspaar (X_0, X_1) die Inklusion

(7.4) $\mathcal{F}(X_0, X_1) \subseteq M_\phi(X_0, X_1)$ und die Einbettungsabbildung ist eine Kontraktion (siehe [**BKS**], S.2016).

Der Interpolationsfunktor M_ϕ ist also in gewisser Weise maximal unter den exakten Interpolationsfunktoren mit charakteristischer Funktion ϕ.

Das folgende Resultat geht im wesentlichen auf M.Mastyło ([**M**], Cor.2.1) zurück. Da wir die Aussage etwas anders formuliert haben, möchten wir einen Beweis geben.

7.5 Theorem. *Es sei $\mathcal{F}$ ein exakter Interpolationsfunktor mit charakteristischer Funktion $\phi = \phi_{\mathcal{F}}$. Weiter sei (X_0, X_1) ein Interpolationspaar, Y ein Banachraum und $T \in \mathfrak{L}((X_0, X_1), (Y, Y))$.*

a) *Ist $\lim_{t\to\infty} \phi(t,1) = \infty$, dann gilt $T'_{(\mathcal{F})} \ll (T'_0, T'_1)$.*

b) *Ist $\lim_{t\to\infty} \phi(1,t) = \infty$, dann gilt $T'_{(\mathcal{F})} \ll (T'_1, T'_0)$.*

c) *Ist $\lim_{t\to\infty} \phi(t,1) = \lim_{t\to\infty} \phi(1,t) = \infty$, dann gilt $T'_{(\mathcal{F})} \ll (T'_\Delta, T'_\Sigma)$.*

Beweis. Es seien $\varepsilon > 0$ und $x \in B_{\mathcal{F}(X_0,X_1)}$. Wegen (7.4) und der Definition der Norm von M_ϕ gilt $\sup_{t>0} \frac{K(t,x)}{\phi^*(1,t)} \leq 1$.

a) Wir wählen $r > 0$ derart, daß $\phi(r,1) > \varepsilon^{-1}$ ist. Es gilt

$$K(r,x) \leq \phi^*(1,r) = (\phi(1,r^{-1}))^{-1} = r(\phi(r,1))^{-1} < r\varepsilon.$$

Nun existieren Elemente $x_0 \in X_0$ und $x_1 \in X_1$ derart, daß $x = x_0 + x_1$ und $\|x_0\|_0 + r\|x_1\|_1 < r\varepsilon$ gilt. Dann ist $\|x_0\|_0 < r\varepsilon$ und $\|x_1\|_1 < \varepsilon$, und somit gilt

$$T_{(\mathfrak{F})}x = T_0x_0 + T_1x_1 \in r\varepsilon T_0B_{X_0} + \varepsilon T_1B_{X_1}.$$

b) Nach Voraussetzung existiert ein $s > 0$, so daß

$$K(s,x) \leq \phi^*(1,s) = (\phi(1,s^{-1}))^{-1} < \varepsilon$$

ist. Wie in a) findet man Elemente $y_0 \in X_0$ und $y_1 \in X_1$ mit den Eigenschaften $x = y_0 + y_1$ und $\|y_0\|_0 + s\|y_1\|_1 < \varepsilon$. Es gilt dann

$$T_{(\mathfrak{F})}x = T_1y_1 + T_0y_0 \in s^{-1}\varepsilon T_1B_{X_1} + \varepsilon T_0B_{X_0}.$$

c) Setzen wir $w := x - x_1 - y_0$ und $N_\varepsilon := \max(r\varepsilon, s^{-1}\varepsilon) + \varepsilon$, so ist $w \in N_\varepsilon B_{\Delta(X_0,X_1)}$ und $x - w = x_0 + y_1 \in \varepsilon B_{X_0} + \varepsilon B_{X_1} \subseteq 2\varepsilon B_{\Sigma(X_0,X_1)}$. Also gilt

$$T_{(\mathfrak{F})}x = T_\Delta w + T_\Sigma(x - w) \in N_\varepsilon T_\Delta B_{\Delta(X_0,X_1)} + 2\varepsilon T_\Sigma B_{\Sigma(X_0,X_1)}.$$

Alle drei Aussagen folgen nun aus Satz 2.3. ∎

Bemerkung. Das oben angesprochene Resultat von M.Mastyło ([M], Cor.2.1) ist ein Spezialfall der Aussage c) für $Y = \Sigma(X_0, X_1)$ und $T = Id$.

7.6 Korollar. *Es seien $\phi : \mathbb{R}_+^2 \to \mathbb{R}_+$ eine positiv homogene Funktion und $\mathfrak{F}$ ein Interpolationsfunktor, der exakt vom Typ ϕ ist. Weiter seien (X_0, X_1) ein Interpolationspaar, Y ein Banachraum und $T \in \mathfrak{L}((X_0, X_1), (Y, Y))$.*

a) *Ist $\lim_{t\to 0} \phi(t, 1) = 0$, dann gilt $T'_{(\mathfrak{F})} \ll (T'_0, T'_1)$.*

b) *Ist $\lim_{t\to 0} \phi(1, t) = 0$, dann gilt $T'_{(\mathfrak{F})} \ll (T'_1, T'_0)$.*

c) *Ist $\lim_{t\to 0} \phi(t, 1) = \lim_{t\to 0} \phi(1, t) = 0$, dann gilt $T'_{(\mathfrak{F})} \ll (T'_\Delta, T'_\Sigma)$.*

Beweis. Es sei $\phi_{\mathfrak{F}}$ die charakteristische Funktion von $\mathfrak{F}$. Analog zum Beweis von Korollar 7.3 erhalten wir hier

$$\frac{\phi_{\mathfrak{F}}(1,1)}{\phi(\xi,\eta)} \leq \phi(\frac{1}{\xi}, \frac{1}{\eta})$$

für $\xi, \eta > 0$. Die Bedingung $\lim_{t\to 0} \phi(t, 1) = 0$ (bzw. $\lim_{t\to 0} \phi(1, t) = 0$) impliziert dann $\lim_{t\to\infty} \phi_{\mathfrak{F}}(t, 1) = \infty$ (bzw. $\lim_{t\to\infty} \phi_{\mathfrak{F}}(1, t) = \infty$), und die Behauptung folgt aus Theorem 7.5. ∎

Bemerkungen. a) Tatsächlich ergeben die Beweise von Theorem 7.5 und Korollar 7.6 die folgenden schärferen Aussagen (siehe dazu Bemerkung c) nach Satz 2.3):
Zu jedem $\varepsilon > 0$ existiert ein $N_\varepsilon \geq 0$ mit der Eigenschaft

$$T_{(\mathfrak{F})}B_{\mathfrak{F}(X_0,X_1)} \subseteq N_\varepsilon T_0B_{X_0} + \varepsilon T_1B_{X_1} \quad \text{im Fall von a)},$$

$$T_{(\mathfrak{F})}B_{\mathfrak{F}(X_0,X_1)} \subseteq N_\varepsilon T_1B_{X_1} + \varepsilon T_0B_{X_0} \quad \text{im Fall von b)},$$

$$T_{(\mathfrak{F})}B_{\mathfrak{F}(X_0,X_1)} \subseteq N_\varepsilon T_\Delta B_{\Delta(X_0,X_1)} + \varepsilon T_\Sigma B_{\Sigma(X_0,X_1)} \quad \text{im Fall von c)}.$$

In der Schreibweise von (3.3) bedeutet dies

$$T_{(\mathcal{F})} \in \widetilde{AC}^{\text{dual}}(T_0, T_1; \mathcal{F}(X_0, X_1)),$$
$$T_{(\mathcal{F})} \in \widetilde{AC}^{\text{dual}}(T_1, T_0; \mathcal{F}(X_0, X_1)),$$
$$T_{(\mathcal{F})} \in \widetilde{AC}^{\text{dual}}(T_\Delta, T_\Sigma; \mathcal{F}(X_0, X_1)).$$

b) In Korollar 7.6 a) und b) werden an die Funktion ϕ dieselben Bedingungen wie in Korollar 7.3 a) und b) gestellt. Somit erfüllen die Interpolationsfunktoren in Beispiel 7.4 a)–d) auch die Voraussetzungen von Korollar 7.6 a), b) bzw. c).

c) Sei $\mathcal{F}$ ein Interpolationsfunktor, und $T \in \mathfrak{L}((X_0, X_1), (Y, Y))$ erfülle die Bedingung $T'_{(\mathcal{F})} \ll (T'_0, T'_1)$. Weiter sei X ein intermediärer Raum bezüglich (X_0, X_1), und es gelte $X \subseteq \mathcal{F}(X_0, X_1)$ mit stetiger kanonischer Einbettung. Es bezeichne $T_X \in \mathfrak{L}(X, Y)$ den von $T \in \mathfrak{L}((X_0, X_1), (Y, Y))$ induzierten Operator. Mit Theorem 4.2 und (1.9) ergibt sich dann die folgende Aussage:

Ist $\mathfrak{A}$ ein Operatorenideal und $T_0 \in \mathfrak{A}(X_0, Y)$, dann gilt $T_X \in \overline{\mathfrak{A}}^{\text{sur}}(X, Y)$.

J.-L.Lions und J.Peetre ([**LP**], V.2.2) erhielten dieses Ergebnis für den Spezialfall $\mathfrak{A} = \mathfrak{K}$ und $\mathcal{F} = \mathcal{K}_{\theta,\infty}$ (siehe (6.6)ff.), während S.Heinrich ([**He**], Prop.1.7) die obige Aussage für ein abgeschlossenes, surjektives Operatorenideal $\mathfrak{A}$ und $\mathcal{F} = \mathcal{K}_{\theta,\infty}$ zeigen konnte.

Wir haben bisher ausschließlich Operatoren von einem Banachraum in ein Interpolationspaar bzw. von einem Interpolationspaar in einen Banachraum betrachtet. Zum Abschluß möchten wir noch kurz den Fall eines Operators zwischen zwei Interpolationspaaren ansprechen. Jeder Operator $T \in \mathfrak{L}((X_0, X_1), (Y_0, Y_1))$ induziert ein $\tilde{T} \in \mathfrak{L}((X_0, X_1), (\Sigma(Y_0, Y_1), \Sigma(Y_0, Y_1)))$. Weiter definiert die identische Abbildung auf $Y_0 + Y_1$ einen Operator $j \in \mathfrak{L}((Y_0, Y_1), (\Sigma(Y_0, Y_1), \Sigma(Y_0, Y_1)))$. Ist $\mathcal{F}$ ein Interpolationsfunktor und sind

$$T_0 : X_0 \to Y_0,\ T_1 : X_1 \to Y_1,\ T_{\Delta\Sigma} : \Delta(X_0, X_1) \to \Sigma(Y_0, Y_1)$$
$$T_{\Sigma\Sigma} : \Sigma(X_0, X_1) \to \Sigma(Y_0, Y_1) \text{ und } T_{\mathcal{F}} : \mathcal{F}(X_0, X_1) \to \mathcal{F}(Y_0, Y_1)$$

die von T induzierten Operatoren, dann gelten mit den Bezeichnungen aus (7.3) die folgenden Beziehungen:

$$j_0 T_0 = \tilde{T}_0,\ j_1 T_1 = \tilde{T}_1,\ T_{\Delta\Sigma} = \tilde{T}_\Delta,\ T_{\Sigma\Sigma} = \tilde{T}_\Sigma \text{ und } j_{(\mathcal{F})} T_{\mathcal{F}} = \tilde{T}_{(\mathcal{F})}. \tag{7.5}$$

Erfüllt $\mathcal{F}$ die Bedingungen von Theorem 7.5 a)–c), so erhalten wir

$$\begin{aligned} j_{(\mathcal{F})} T_{\mathcal{F}} &\in \widetilde{AC}^{dual}(j_0 T_0, j_1 T_1; \mathcal{F}(X_0, X_1)) \quad \text{im Fall a)},\\ j_{(\mathcal{F})} T_{\mathcal{F}} &\in \widetilde{AC}^{dual}(j_1 T_1, j_0 T_0; \mathcal{F}(X_0, X_1)) \quad \text{im Fall b)},\\ j_{(\mathcal{F})} T_{\mathcal{F}} &\in \widetilde{AC}^{dual}(T_{\Delta\Sigma}, T_{\Sigma\Sigma}; \mathcal{F}(X_0, X_1)) \quad \text{im Fall c)}. \end{aligned} \tag{7.6}$$

Aus Theorem 4.2 folgt, daß dann $j_{(\mathcal{F})}T_{\mathcal{F}}$ bestimmte Eigenschaften der Operatoren T_0, T_1 und $T_{\Delta\Sigma}$ erbt. Inwieweit dies schon Schlüsse auf Eigenschaften des Operators $T_{\mathcal{F}}$ zuläßt, wollen wir im nächsten Paragraphen untersuchen.

8. Eigenschaften von Interpolationsräumen und interpolierten Operatoren

Ist T ein Operator zwischen Interpolationspaaren (X_0, X_1) und (Y_0, Y_1), so stellt sich in natürlicher Weise die Frage, welche Eigenschaften der "Randoperatoren" $T_0 : X_0 \to Y_0$ und $T_1 : X_1 \to Y_1$ sich auf die interpolierten Operatoren übertragen. Mit dieser Frage haben sich mehrere Autoren beschäftigt (siehe etwa **[B1]**, **[B2]**, **[CP]**, **[Ha]**, **[He]**, **[M]**, **[Ne2]**, **[Per]**).

Wir möchten zur Behandlung solcher Fragen einen Weg beschreiten, der auf Überlegungen von B.Beauzamy zurückgeht (**[B1]**, **[B2]**) und von R.D.Neidinger systematisiert wurde (**[Ne1]**, **[Ne2]**). Hierbei spielen drei Typen von Operatoren eine wichtige Rolle. Es sei T ein Operator von einem Banachraum X in einen Banachraum Y.

(8.1) T heißt *Semi-Einbettung*, wenn T die abgeschlossene Einheitskugel B_X von X in eine abgeschlossene Menge abbildet.

(8.2) T heißt ***-injektiv*, wenn $T'' : X'' \to Y''$ injektiv ist.

(8.3) T heißt *Tauber-Operator*, wenn für jedes $x'' \in X''$ mit der Eigenschaft $T''x'' \in Y$ schon $x'' \in X$ gilt.

Die drei Begriffe hängen in der folgenden Weise miteinander zusammen.

(8.4) Ein injektiver Operator $T \in \mathfrak{L}(X, Y)$ ist genau dann ein Tauber-Operator, wenn T **-injektiv und eine Semi-Einbettung ist (**[NeR]**, Cor.2.2 (B)).

Operatoren mit den Eigenschaften (8.2) und (8.3) zeichnen sich dadurch aus, daß sie gewisse Eigenschaften von Mengen und Räumen nicht verändern. Eine ausführliche Übersicht hierzu kann man bei R.D.Neidinger (**[Ne1]**, S.92–94) finden. Die für uns relevanten Ergebnisse fassen wir in dem nachfolgenden Satz zusammen. Dabei wählen wir eine Darstellung, die für die späteren Anwendungen von Vorteil sein wird. Beweise oder Referenzen für die einzelnen Resultate findet man in **[Ne1]**, Ch.I, Sec.E.

8.1 Satz. *Es seien $T \in \mathfrak{L}(X,Y)$ und $j \in \mathfrak{L}(Y,Z)$ Operatoren zwischen den Banachräumen X, Y und Z.*

a) *Der Operator j sei **-injektiv. Besitzt jT eine der nachstehenden Eigenschaften:*
   (i) *jT hat separables Bild oder*
   (ii) *jT ist l_1-singular (siehe §4),*
   dann besitzt T dieselbe Eigenschaft.

b) *Der Operator j sei ein Tauber-Operator. Besitzt jT eine der nachstehenden Eigenschaften:*
   (i) *jT ist schwach kompakt,*
   (ii) *jT ist c_0-singulär oder*
   (iii) *jT bildet schwache Cauchyfolgen in schwach konvergente Folgen ab,*
   dann besitzt T dieselbe Eigenschaft.

c) *Der Operator j sei **-injektiv. Ist A eine beschränkte Menge in Y und ist $j(A)$ $\sigma(Z,Z')$-kompakt, dann ist A $\sigma(Y,Y')$-kompakt.*

Sind (X_0,X_1) und (Y_0,Y_1) Interpolationspaare, $\mathfrak{F}$ ein Interpolationsfunktor und $T \in \mathfrak{L}((X_0,X_1),(Y_0,Y_1))$, so erinnern wir daran, daß $T_{\mathfrak{F}} \in \mathfrak{L}(\mathfrak{F}(X_0,X_1),\mathfrak{F}(Y_0,Y_1))$ der von T induzierte Operator ist und $j_{(\mathfrak{F})} : \mathfrak{F}(Y_0,Y_1) \to \Sigma(Y_0,Y_1)$ die kanonische Einbettung bezeichnet.

Nun brauchen wir unsere Beobachtung aus (7.6) nur mit den Aussagen von Theorem 7.5, Theorem 4.2 und Satz 8.1 verknüpfen, und wir erhalten das folgende Resultat.

8.2 Theorem. *Es sei $T \in \mathfrak{L}((X_0,X_1),(Y_0,Y_1))$ ein Operator zwischen Interpolationspaaren (X_0,X_1) und (Y_0,Y_1) und $\mathfrak{F}$ sei ein exakter Interpolationsfunktor mit charakteristischer Funktion $\phi = \phi_{\mathfrak{F}}$. Wir nehmen an, daß die kanonische Injektion $j_{(\mathfrak{F})} : \mathfrak{F}(Y_0,Y_1) \to \Sigma(Y_0,Y_1)$ **-injektiv ist.*

a) *Es gelte $\lim_{t\to\infty} \phi(t,1) = \infty$ (bzw. $\lim_{t\to\infty} \phi(1,t) = \infty$). Hat T_0 (bzw. T_1) separables Bild oder ist T_0 (bzw. T_1) l_1-singulär, dann besitzt $T_{\mathfrak{F}}$ dieselbe Eigenschaft.*

b) *Es gelte $\lim_{t\to\infty} \phi(t,1) = \lim_{t\to\infty} \phi(1,t) = \infty$. Der Operator $T_{\mathfrak{F}}$ hat genau dann separables Bild oder ist l_1-singulär, wenn $T_{\Delta\Sigma}$ dieselbe Eigenschaft besitzt.*

Bemerkung. In b) erhält man die Äquivalenzaussage, da sich $T_{\Delta\Sigma}$ als Komposition von Operatoren darstellen läßt, wovon einer der Operatoren $T_{\mathfrak{F}}$ ist.

Ganz entsprechend ergibt sich das nachstehende Theorem.

8.3 Theorem. *Es sei $T \in \mathfrak{L}((X_0, X_1), (Y_0, Y_1))$ ein Operator zwischen Interpolationspaaren (X_0, X_1) und (Y_0, Y_1) und $\mathfrak{F}$ sei ein exakter Interpolationsfunktor mit charakteristischer Funktion $\phi = \phi_{\mathfrak{F}}$. Die kanonische Injektion $j_{(\mathfrak{F})} : \mathfrak{F}(Y_0, Y_1) \to \Sigma(Y_0, Y_1)$ sei ein Tauber-Operator.*

a) *Gilt $\lim_{t\to\infty} \phi(t, 1) = \infty$ (bzw. $\lim_{t\to\infty} \phi(1, t) = \infty$) und ist T_0 (bzw. T_1) schwach kompakt, dann ist auch $T_{\mathfrak{F}}$ schwach kompakt.*

b) *Gilt $\lim_{t\to\infty} \phi(t, 1) = \lim_{t\to\infty} \phi(1, t) = \infty$, so ist $T_{\mathfrak{F}}$ genau dann schwach kompakt, wenn $T_{\Delta\Sigma}$ schwach kompakt ist.*

Betrachten wir den Spezialfall $(X_0, X_1) = (Y_0, Y_1)$ und $T = Id$, so erhalten wir mit Theorem 8.2 und Theorem 8.3 Kriterien dafür, wann ein Interpolationsraum $\mathfrak{F}(X_0, X_1)$ separabel ist, den Folgenraum l_1 nicht enthält oder reflexiv ist. Hierzu möchten wir noch eine einfache Folgerung aus Satz 8.1 b) anschließen.

8.4 Satz. *Sei (X_0, X_1) ein Interpolationspaar und $\mathfrak{F}$ ein Interpolationsfunktor. Es bezeichne $j_{(\mathfrak{F})} : \mathfrak{F}(X_0, X_1) \to \Sigma(X_0, X_1)$ die kanonische Injektion.*

a) *Sei $j_{(\mathfrak{F})}$ **-injektiv. Ist $\Sigma(X_0, X_1)$ separabel oder enthält $\Sigma(X_0, X_1)$ den Raum l_1 nicht, dann besitzt $\mathfrak{F}(X_0, X_1)$ dieselbe Eigenschaft.*

b) *Sei $j_{(\mathfrak{F})}$ ein Tauber-Operator. Ist $\Sigma(X_0, X_1)$ reflexiv oder schwach folgenvollständig oder enthält $\Sigma(X_0, X_1)$ den Raum c_0 nicht, dann besitzt $\mathfrak{F}(X_0, X_1)$ dieselbe Eigenschaft.*

Bemerkung. Ist (X_0, X_1) ein Interpolationspaar und gilt $X_0 \subseteq X_1$ mit stetiger Einbettungsabbildung, dann ist $\Sigma(X_0, X_1)$ isomorph zu X_1. In diesem Fall sind also die Bedingungen an $\Sigma(X_0, X_1)$ aus Satz 8.4 Bedingungen an den Raum X_1.

9. Banachfunktionenräume

Unser Ziel ist es, die Resultate von §7 und §8 auf eine konkrete Interpolationsmethode anzuwenden (siehe §10). Zur Behandlung dieser Interpolationsmethode benötigen wir einige Begriffe und Hilfsmittel, die wir nun gesondert bereitstellen möchten.

Während des gesamten Paragraphen sei (Ω, Σ, μ) ein σ-endlicher Maßraum. Mit $L_0(\Omega, \Sigma, \mu)$ bezeichnen wir den Raum der Σ-meßbaren reellwertigen Funktionen modulo der μ-Nullfunktionen. Sofern es nicht erforderlich ist, werden wir zwischen Funktionen und Äquivalenzklassen von Funktionen nicht unterscheiden.

(9.1) $L_0(\Omega, \Sigma, \mu)$, versehen mit der kanonischen Ordnung, ist ein ordnungsseparabler, ordnungsvollständiger Vektorverband ([**LZ**], 23.3 Example (iv)).

Dabei heißt ein Vektorverband E *ordnungsseparabel*, wenn jede Menge $M \subseteq E$, für welche das Supremum $\sup M$ (das Infimum $\inf M$) in E existiert, eine abzählbare Menge N enthält, so daß $\sup N = \sup M$ ($\inf N = \inf M$) gilt.

Für eine Menge $A \in \Sigma$ bezeichne χ_A die *charakteristische Funktion von A*.

9.1 Definition. Es sei E ein linearer Teilraum von $L_0(\Omega, \Sigma, \mu)$, versehen mit einer Norm und mit den folgenden Eigenschaften:

a) E ist ein Ideal in $L_0(\Omega, \Sigma, \mu)$ (d.h. aus $|y| \leq |x|$ für $y \in L_0(\Omega, \Sigma, \mu)$ und $x \in E$ folgt $y \in E$).
b) E (mit der von $L_0(\Omega, \Sigma, \mu)$ induzierten Ordnung) ist ein Banachverband.
c) Der *Träger* von E ist gleich Ω (d.h. ist $A \in \Sigma$ und gilt $\chi_A f = 0$ für alle $f \in E$, so folgt $\mu(A) = 0$).

Dann nennt man E einen *Banachfunktionenraum* (über (Ω, Σ, μ)).

Sofern nicht zwischen den betrachteten Maßräumen unterschieden werden muß, wollen wir auf den Zusatz "über (Ω, Σ, μ)" verzichten.

Aus Eigenschaft a) und (9.1) ergibt sich die folgende Aussage.

(9.2) Jeder Banachfunktionenraum ist ordnungsseparabel und ordnungsvollständig.

Beispiele für Banachfunktionenräume sind die Lebesgue-Räume $L_p(\Omega, \Sigma, \mu), 1 \leq p \leq \infty$, Orlicz-Funktionenräume, Orlicz-Folgenräume, Lorentz-Funktionenräume, Lorentz-Folgenräume sowie Marcinkiewicz-Räume (siehe auch [**KPS**], [**LT1**], [**LT2**], [**LZ**], [**Z**]).

Im allgemeinen enthält ein Banachfunktionenraum nicht sämtliche charakteristischen Funktionen χ_A, $A \in \Sigma$. Allerdings gilt die folgende Aussage.

(9.3) In jedem Banachfunktionenraum E existiert eine Folge (A_n) paarweise disjunkter Mengen in Σ derart, daß $\bigcup_{n \geq 1} A_n = \Omega$ ist, und daß außerdem $\chi_{A_n} \in E$ und $0 < \mu(A_n) < \infty$ für jedes $n \in \mathbb{N}$ gilt ([**Z**], §112).

Für einen Banachfunktionenraum E heißt

(9.4) $E^\star := \{g \in L_0(\Omega, \Sigma, \mu) : \int |fg| d\mu < \infty$ für jedes $f \in E\}$, versehen mit der Norm $\|g\|_\star := \sup\{\int fg d\mu : f \in B_E\}$, der *Köthe-Dual* von E.

Der Raum $E^\star$ ist ein Banachfunktionenraum über (Ω, Σ, μ) und isometrisch verbandsisomorph zum Band der ordnungsstetigen Linearformen auf E ([**Z**], §112). Ein Banachfunktionenraum E ist stets ein Ideal in $E^{\star\star}$ ([**Z**], S.419). Man nennt E *perfekt*, wenn $E = E^{**}$ gilt. In dieser Situation sind $\|.\|_E$ und $\|.\|_{**}$ äquivalente Normen ([**Z**], 112.3).

Wir erwähnen die folgende Definition.

(9.5) Ein Banachfunktionenraum E besitzt die *schwache Fatou-Eigenschaft*, wenn für jede normbeschränkte, nach oben gerichtete Familie $(f_\gamma)_{\gamma\in\Gamma}$ in E_+ das Supremum $\sup_\gamma f_\gamma$ in E existiert.

In diesem Fall ist $\|.\|_E$ eine *schwache Fatou-Norm*, d.h. es existiert eine nur von E abhängende Konstante $c \geq 0$ derart, daß für jedes monoton wachsende Netz $(f_\gamma)_{\gamma\in\Gamma}$ in E_+ mit Supremum f in E die Ungleichung

$$\|f\|_E \leq c \sup_\gamma \|f_\gamma\|_E$$

gilt ([**Z**], 107.5). Das Infimum $k(E)$ über alle möglichen Konstanten c wird die *Fatou-Konstante* von E genannt. Ist $k(E) = 1$, so nennt man $\|.\|_E$ eine *Fatou-Norm*.

(9.6) Jeder perfekte Banachfunktionenraum E besitzt die schwache Fatou-Eigenschaft. Der Köthe-Dual E^* ist stets perfekt und die Fatou-Konstante $k(E^*)$ von E^* ist gleich Eins ([**Z**], 112.3, 110.3).

10. Eine verallgemeinerte K-Methode

Im folgenden werden wir eine Interpolationsmethode vorstellen, welche die durch die Interpolationsfunktoren $\mathcal{K}_{\theta,p}$, $1 \leq p \leq \infty$, $0 < \theta < 1$ (siehe (6.6)ff.), definierte K-Methode von J.-L.Lions und J.Peetre ([**LP**]) verallgemeinert. Darüber hinaus ergeben sich enge Beziehungen zu anderen K-Methoden wie sie in [**KPS**], IV.2.5, [**LT1**], 2.g.3 und [**Pe**] behandelt werden. Unser Ziel ist, die in §7 und §8 vorgestellten abstrakten Resultate auf diese Interpolationsmethode anzuwenden, um so Aussagen über die Struktur der erzeugten Interpolationsräume und Eigenschaften interpolierter Operatoren zu erhalten. Insbesondere verallgemeinern wir Ergebnisse von B.Beauzamy ([**B2**]), R.Neidinger ([**Ne2**]) und M.Mastyło ([**M**]).

Während des gesamten Paragraphen bezeichne E einen Banachfunktionenraum über einem σ-endlichen Maßraum (Ω, Σ, μ). Die Symbole $\vee$ und $\wedge$ stehen für die Verbandsoperationen sup und inf.

Ein Paar (g, h) in $L_0(\Omega, \Sigma, \mu) \times L_0(\Omega, \Sigma, \mu)$ heißt *Interpolationsparameter bezüglich E*, wenn folgendes gilt:

(10.1)
a) $g(\omega) > 0$ und $h(\omega) > 0$ für μ-fast alle $\omega \in \Omega$,
b) $g \wedge h \in E$,
c) es existiert eine Folge (A_n) in Σ von paarweise disjunkten Mengen, so daß $\Omega = \bigcup_{n\geq 1} A_n$ ist und $\chi_{A_n}(g \vee h) \in E$ gilt für jedes $n \in \mathbb{N}$.

Für ein Interpolationspaar (X_0, X_1) definieren wir Abbildungen $k_n(.; g, h) : X_0 + X_1 \to E$, $n \in \mathbb{N}$, vermöge

$$(10.2) \qquad k_n(x; g, h) := \inf\{\|x_0\|_0 \chi_{A_n} g + \|x_1\|_1 \chi_{A_n} h : \\ x = x_0 + x_1,\ x_0 \in X_0,\ x_1 \in X_1\}.$$

Es sei

$$(X_0, X_1)_{g,h,E} := \{x \in X_0 + X_1 : \bigvee_{n \geq 1} k_n(x; g, h) \text{ existiert in } E\},$$

versehen mit der Norm

$$\|x\|_{g,h,E} := \| \bigvee_{n \geq 1} k_n(x; g, h)\|_E.$$

Ist (X_0, X_1) ein Interpolationspaar von Banachverbänden (siehe §6), dann bildet $(X_0, X_1)_{g,h,E}$ ein Ideal in $X_0 + X_1$ und $\|.\|_{g,h,E}$ ist eine Verbandsnorm. Der Raum $(X_0, X_1)_{g,h,E}$ und seine Norm sind unabhängig von der Wahl der Folge (A_n) in (10.1 c)). Liegen g und h beide in E, dann sind $(X_0, X_1)_{g,h,E}$ und $X_0 + X_1$ als Vektorräume isomorph.

Im weiteren Verlauf des Paragraphen werden wir immer wieder auf gewisse Eigenschaften der Abbildungen $k_n(.; g, h)$ sowie der Norm $\|.\|_{g,h,E}$ zurückgreifen, die wir in dem nachfolgenden Lemma zusammenfassen. Auf den elementaren Beweis gehen wir nicht näher ein.

10.1 Lemma. *Es sei (g, h) ein Interpolationsparameter bezüglich E. Weiter sei (X_0, X_1) ein Interpolationspaar. Die Folge (A_n) in Σ erfülle die Bedingung (10.1 c)) und die Abbildungen $k_n(.; g, h)$, $n \in \mathbb{N}$, seien durch (10.2) gegeben. Dann gilt:*

a) $k_n(w; g, h) \leq \chi_{A_n}(g \wedge h)\|w\|_\Delta$ *für jedes $w \in X_0 \cap X_1$ und alle $n \in \mathbb{N}$.*
b) $\|w\|_{g,h,E} \leq \|g \wedge h\|_E \|w\|_\Delta$ *für jedes $w \in X_0 \cap X_1$.*
c) $k_n(x; g, h) \geq \chi_{A_n}(g \wedge h)\|x\|_\Sigma$ *für jedes $x \in X_0 + X_1$ und alle $n \in \mathbb{N}$.*
d) $k_n(x; g, h) \leq \chi_{A_n}(g \vee h)\|x\|_\Sigma$ *für jedes $x \in X_0 + X_1$ und alle $n \in \mathbb{N}$.*
e) $\|g \wedge h\|_E \|y\|_\Sigma \leq \|y\|_{g,h,E}$ *für jedes $y \in (X_0, X_1)_{g,h,E}$.*

Wir befassen uns als nächstes mit der Vollständigkeit des Raums $(X_0, X_1)_{g,h,E}$. Wir erinnern an die Definition der schwachen Fatou-Eigenschaft ((9.5)) und wann die Norm eines Banachverbands ordnungsstetig ist ((0.7)). Im Fall der Ordnungsstetigkeit der Norm von E gilt

$$(10.3) \qquad (X_0, X_1)_{g,h,E} := \{x \in X_0 + X_1 : (\textstyle\bigvee_{l=1}^n k_l(x; g, h))_{n \in \mathbb{N}} \text{ konvergiert in } E\} \\ \text{und } \|x\|_{g,h,E} = \lim_n \| \textstyle\bigvee_{l=1}^n k_l(x; g, h)\|_E,\ x \in (X_0, X_1)_{g,h,E}.$$

10.2 Satz. *Es seien (X_0, X_1) ein Interpolationspaar und (g, h) ein Interpolationsparameter bezüglich E. Besitzt E die schwache Fatou-Eigenschaft oder ist die Norm von E ordnungsstetig, dann ist $(X_0, X_1)_{g,h,E}$ vollständig.*

Beweis. Es sei (x_n) eine Cauchyfolge in $(X_0, X_1)_{g,h,E}$. Die Abbildungen $k_n = k_n(.; g, h) : X_0 + X_1 \to E$, $n \in \mathbb{N}$, seien wie in (10.2) definiert. Wegen Eigenschaft e) aus Lemma 10.1 ist (x_n) eine Cauchyfolge in $\Sigma(X_0, X_1)$ und besitzt dort einen Grenzwert x. Wir zeigen, daß $x \in (X_0, X_1)_{g,h,E}$ und $x = \lim_n x_n$ in $(X_0, X_1)_{g,h,E}$ gilt.

Zunächst nehmen wir an, daß E die schwache Fatou-Eigenschaft besitzt. Wir halten $\varepsilon > 0$ fest und wählen $n_0 \in \mathbb{N}$, so daß für alle $m > n \geq n_0$ die Ungleichung

$$\|x_n - x_m\|_{g,h,E} = \|\bigvee_{l \geq 1} k_l(x_n - x_m)\|_E < \varepsilon$$

gilt. Für jedes $r \in \mathbb{N}$ ist dann

$$\|\bigvee_{l=1}^{r} k_l(x_n - x)\|_E - \|\bigvee_{l=1}^{r} k_l(x - x_m)\|_E \leq \|\bigvee_{l=1}^{r} k_l(x_n - x_m)\|_E < \varepsilon.$$

Für $m \to \infty$ erhalten wir wegen Lemma 10.1 d)

$$\|\bigvee_{l=1}^{r} k_l(x_n - x)\|_E \leq \varepsilon$$

für jedes $r \in \mathbb{N}$. Da E die schwache Fatou-Eigenschaft besitzt, folgt hieraus $x_n - x \in (X_0, X_1)_{g,h,E}$ (und damit auch $x \in (X_0, X_1)_{g,h,E}$) und

$$\|x_n - x\|_{g,h,E} = \|\bigvee_{l \geq 1} k_l(x_n - x)\|_E \leq c\varepsilon$$

für $n \geq n_0$, wobei $c := k(E)$ die Fatou-Konstante von E ist (siehe (9.5)ff.). Damit ist die Behauptung für diesen Fall bewiesen.

Wir nehmen nun an, daß die Norm auf E ordnungsstetig ist. Wir halten $\varepsilon > 0$ fest und wählen $n_0 \in \mathbb{N}$, so daß für alle $m > n \geq n_0$ die Ungleichung

$$\|x_n - x_m\|_{g,h,E} = \|\bigvee_{l \geq 1} k_l(x_n - x_m)\|_E < \varepsilon$$

gilt. Da E ordnungsstetige Norm besitzt, existiert ein $l_0 \in \mathbb{N}$ mit der Eigenschaft $\|\bigvee_{l \geq l_0} k_l(x_{n_0})\|_E < \varepsilon$. Für jedes $r \geq l_0$ gilt

$$\|\bigvee_{l=l_0}^{r} k_l(x_{n_0} - x)\|_E - \|\bigvee_{l=l_0}^{r} k_l(x - x_m)\|_E \leq \|\bigvee_{l=l_0}^{r} k_l(x_{n_0} - x_m)\|_E < \varepsilon.$$

Lassen wir m gegen Unendlich gehen, so folgt hieraus mit Lemma 10.1 d)

$$\|\bigvee_{l=l_0}^{r} k_l(x_{n_0} - x)\|_E \leq \varepsilon.$$

Somit ist

$$\| \bigvee_{l=l_0}^{r} k_l(x)\|_E \le \| \bigvee_{l=l_0}^{r} k_l(x_{n_0} - x)\|_E + \| \bigvee_{l=l_0}^{r} k_l(x_{n_0})\|_E < 2\varepsilon$$

für jedes $r \ge l_0$. Dies zeigt, daß $(\bigvee_{l=1}^{n} k_l(x))$ eine Cauchyfolge in E ist. Also existiert $\bigvee_{l\ge1} k_l(x)$ in E, d.h. x liegt in $(X_0, X_1)_{g,h,E}$.
Andererseits gilt für $m > n \ge n_0$ und jedes $r \in \mathbb{N}$

$$\| \bigvee_{l=1}^{r} k_l(x_n - x_m)\|_E \le \|x_n - x_m\|_{g,h,E} < \varepsilon.$$

Betrachten wir wieder den Grenzwert für m gegen Unendlich, so folgt hieraus

$$\| \bigvee_{l=1}^{r} k_l(x_n - x)\|_E \le \varepsilon.$$

Wegen $\bigvee_{l\ge1} k_l(x_n - x) = \sup_r \bigvee_{l=1}^{r} k_l(x_n - x) = \lim_r \bigvee_{l=1}^{r} k_l(x_n - x)$ ergibt sich

$$\|x_n - x\|_{g,h,E} = \| \bigvee_{l\ge1} k_l(x_n - x)\|_E \le \varepsilon$$

für jedes $n \ge n_0$. Somit gilt $x = \lim_n x_n$ in $(X_0, X_1)_{g,h,E}$. ∎

Unser nächstes Ergebnis zeigt, daß unter den Voraussetzungen von Satz 10.2 der Raum $(X_0, X_1)_{g,h,E}$ durch einen Interpolationsfunktor erzeugt wird.

10.3 Theorem. *Es sei (X_0, X_1) ein Interpolationspaar. Weiter sei (g, h) ein Interpolationsparameter bezüglich E und E besitze die schwache Fatou-Eigenschaft oder habe ordnungsstetige Norm. Dann gilt:*

a) *$(X_0, X_1)_{g,h,E}$ ist ein Interpolationsraum.*

b) *Die Zuordnung $(X_0, X_1) \to (X_0, X_1)_{g,h,E}$ definiert einen exakten Interpolationsfunktor $\mathcal{K}_{g,h,E}$.*

c) *Die charakteristische Funktion $\phi_{g,h,E}$ von $\mathcal{K}_{g,h,E}$ ist gegeben durch $\phi_{g,h,E}(\xi, \eta) = \|\xi g \wedge \eta h\|_E, \ \xi, \eta > 0.$*

Beweis. Aus Satz 10.2 und Lemma 10.1 b),e) folgt, daß $(X_0, X_1)_{g,h,E}$ ein intermediärer Raum bezüglich (X_0, X_1) ist. Es seien nun (Y_0, Y_1) und (Z_0, Z_1) Interpolationspaare und $T \in \mathfrak{L}((Y_0, Y_1), (Z_0, Z_1))$ ein Operator. Definieren wir $k_n^{(Y_0,Y_1)}(.; g, h) : Y_0 + Y_1 \to E$ und $k_n^{(Z_0,Z_1)}(.; g, h) : Z_0 + Z_1 \to E, \ n \in \mathbb{N}$, wie in (10.2), so ergibt sich

$$k_n^{(Z_0,Z_1)}(Ty; g, h) \le \max(\|T_0\|, \|T_1\|) k_n^{(Y_0,Y_1)}(y; g, h)$$

für jedes $y \in Y_0 + Y_1$ und alle $n \in \mathbb{N}$. Hieraus folgt sofort $T(Y_0, Y_1)_{g,h,E} \subseteq (Z_0, Z_1)_{g,h,E}$, und für die Norm des induzierten Operators $T_{g,h,E} : (Y_0, Y_1)_{g,h,E} \to (Z_0, Z_1)_{g,h,E}$ gilt $\|T_{g,h,E}\| \leq \max(\|T_0\|, \|T_1\|)$. Dies beweist die Aussagen a) und b). Als nächstes bestimmen wir die charakteristische Funktion $\phi_{g,h,E}$ des Interpolationsfunktors $\mathcal{K}_{g,h,E}$. Es sei $X_0 = \xi\mathbb{R}$ und $X_1 = \eta\mathbb{R}$ für $\xi, \eta > 0$. Weiter seien die Abbildungen $k_n(.; g, h) : X_0 + X_1 \to E$, $n \in \mathbb{N}$, wie in (10.2) definiert. Für jedes $n \in \mathbb{N}$ gilt

$$\begin{aligned} k_n(1; g, h) &= \inf\{|s|\xi\chi_{A_n} g + |t|\eta\chi_{A_n} h : s + t = 1,\ s, t \in \mathbb{R}\} \\ &= \inf\{r\xi\chi_{A_n} g + (1 - r)\eta\chi_{A_n} h : 0 \leq r \leq 1\} \\ &= (\xi\chi_{A_n} g) \wedge (\eta\chi_{A_n} h). \end{aligned}$$

wobei die letzte Gleichheit aus der in jedem Banachverband F geltenden Beziehung $x \wedge y = \inf\{rx + (1 - r)y : 0 \leq r \leq 1\}$ für $x, y \in F_+$ folgt. Hieraus ergibt sich $\bigvee_{n \geq 1} k_n(1; g, h) = (\xi g) \wedge (\eta h)$, und somit ist

$$\phi_{g,h,E}(\xi, \eta) = \|\xi g \wedge \eta h\|_E.$$

Damit ist das Theorem bewiesen. ∎

Der Interpolationsfunktor $\mathcal{K}_{g,h,E}$ steht in engem Zusammenhang zu anderen K-Methoden.

10.4 Beispiele. Im folgenden bezeichne (X_0, X_1) immer ein Interpolationspaar.

a) Ist $E = L_{p,*}(0, \infty) := L_p((0, \infty), \frac{dt}{t})$, $1 \leq p \leq \infty$, und sind $g, h : (0, \infty) \to \mathbb{R}_+$ gegeben durch $g(t) := t^{-\theta}$ und $h(t) := t^{1-\theta}$, $0 < \theta < 1$, dann ist $(X_0, X_1)_{g,h,E} = (X_0, X_1)_{\theta,p}$ (siehe (6.6)).

b) Sei E ein Banachfunktionenraum über $((0, \infty), \frac{dt}{t})$. Der Raum E besitze die schwache Fatou-Eigenschaft oder habe ordnungsstetige Norm. Die Funktionen $g, h : (0, \infty) \to \mathbb{R}_+$ seien gegeben durch $g(t) := 1$ und $h(t) := t$, $t > 0$. Dann erzeugen die von J.Peetre eingeführte verallgemeinerte K-Methode ([**Pe**], Ch.III) und die durch $\mathcal{K}_{g,h,E}$ gegebene Interpolationsmethode dieselben Räume. Ist h eine stetige, fast überall strikt positive Funktion, so stimmen die in [**KPS**], IV.2.5, betrachteten Interpolationsräume $(X_0, X_1)^{\mathcal{K}}_{E,E_h}$ mit den Räumen $(X_0, X_1)_{g,h,E}$ überein.

c) Es sei E ein Banachraum mit unbedingter Basis und unbedingter Basiskonstante eins (d.h. E ist ein Banachfolgenraum mit ordnungsstetiger Norm). Dann stimmen die in [**LT2**], 2.g, behandelten Interpolationsräume $K(X_0, X_1, E, g, h)$ und $\tilde{K}(X_0, X_1, E, g, h)$ mit $(X_0, X_1)_{g,h,E}$ bzw. $(X_0, X_1)_{g,h,E^{**}}$ überein (dabei bezeichnet E^{**} den Köthe-Bidual von E (siehe (9.4)).

Die Gestalt der charakteristischen Funktion des Interpolationsfunktors $\mathcal{K}_{g,h,E}$ gestattet es, Bedingungen an den Raum E und die Funktionen g und h anzugeben, so daß $\mathcal{K}_{g,h,E}$ die Voraussetzungen von Theorem 7.2 und Theorem 7.5 erfüllt.

10.5 Satz. *Es sei (g,h) ein Interpolationsparameter bezüglich E und E besitze ordnungsstetige Norm. Dann gilt für die charakteristische Funktion $\phi = \phi_{g,h,E}$ von $\mathcal{K}_{g,h,E}$ stets $\lim_{t\to 0}\phi(t,1) = \lim_{t\to 0}\phi(1,t) = 0$.*

Beweis. Die Familie $(tg \wedge h)_{t>0}$ ist nach unten gerichtet in E mit $\inf_{t>0} tg \wedge h = 0$. Also gilt $0 = \lim_{t\to 0}\|tg \wedge h\|_E = \lim_{t\to 0}\phi(t,1)$. Entsprechend folgt $\lim_{t\to 0}\phi(1,t) = 0$. ∎

Natürlich lassen sich auch Bedingungen an g und h, abgestimmt auf den Raum E finden, so daß $\lim_{t\to 0}\phi_{g,h,E}(t,1) = 0$ oder $\lim_{t\to 0}\phi_{g,h,E}(1,t) = 0$ erfüllt ist. Beispielsweise gilt für die Funktionen g und h aus Beispiel 10.4 a) und den Raum $E = L_{\infty,*}$ die Beziehung $\lim_{t\to 0}\phi_{g,h,E}(t,1) = \lim_{t\to 0}\phi_{g,h,E}(1,t) = 0$, obwohl E keine ordnungsstetige Norm besitzt.

Um Satz 7.5 auf den Interpolationsfunktor $\mathcal{K}_{g,h,E}$ anwenden zu können, ist es erforderlich, die Bedingungen $\lim_{t\to\infty}\phi_{g,h,E}(t,1) = \infty$ und $\lim_{t\to\infty}\phi_{g,h,E}(1,t) = \infty$ nachzuprüfen.

10.6 Satz. *Es sei (g,h) ein Interpolationsparameter bezüglich E und E besitze die schwache Fatou-Eigenschaft. Es bezeichne $\phi = \phi_{g,h,E}$ die charakteristische Funktion des Interpolationsfunktors $\mathcal{K}_{g,h,E}$.*

a) *Ist $h \notin E$, dann gilt $\lim_{t\to\infty}\phi(t,1) = \infty$.*

b) *Ist $g \notin E$, dann gilt $\lim_{t\to\infty}\phi(1,t) = \infty$.*

Beweis. a) Die Familie $(tg \wedge h)_{t>0}$ ist nach oben gerichtet in $L_0(\Omega,\Sigma,\mu)$ und es gilt $\sup_{t>0} tg \wedge h = h$. Da E die Fatou-Eigenschaft besitzt, kann die Familie $(tg \wedge h)_{t>0}$ in E nicht normbeschränkt sein. Also ist $\infty = \lim_{t\to\infty}\|tg \wedge h\|_E = \lim_{t\to\infty}\phi(t,1)$. Aussage b) wird analog bewiesen. ∎

Im verbleibenden Teil des Paragraphen wollen wir uns mit Anwendungen der Resultate von §8 auf den Interpolationsfunktor $\mathcal{K}_{g,h,E}$ befassen. Genauer wollen wir untersuchen, wann für ein Interpolationspaar (X_0, X_1) die kanonische Injektion

$$j_{g,h,E} : (X_0, X_1)_{g,h,E} \to \Sigma(X_0, X_1)$$

eine Semi-Einbettung, **-injektiv oder ein Tauber-Operator ist (siehe (8.1)–(8.3)). Was die erste Eigenschaft angeht, erhalten wir das folgende Ergebnis. Wir erinnern dazu an die Definition der Fatou-Eigenschaft in §9.

10.7 Satz. *Sei (g,h) ein Interpolationparameter bezüglich E, und der Raum E besitze die Fatou-Eigenschaft. Dann ist für jedes Interpolationspaar (X_0,X_1) die kanonische Injektion $j = j_{g,h,E} : (X_0,X_1)_{g,h,E} \to \Sigma(X_0,X_1)$ eine Semi-Einbettung.*

Beweis. Die Abbildungen $k_n = k_n(.;g,h) : X_0 + X_1 \to \Sigma(X_0,X_1)$, $n \in \mathbb{N}$, seien wie in (10.2) definiert. Es sei (x_n) eine Folge in $B_{(X_0,X_1)_{g,h,E}}$, und (jx_n) konvergiere in $\Sigma(X_0,X_1)$ gegen ein $x \in \Sigma(X_0,X_1)$. Für $r,n \in \mathbb{N}$ gilt stets

$$\| \bigvee_{l=1}^{r} k_l(x_n)\|_E \leq \|x_n\|_{g,h,E} \leq 1.$$

Wegen $\lim_n x_n = x$ (in $\Sigma(X_0,X_1)$) folgt mit Lemma 10.1 d)

$$\| \bigvee_{l=1}^{r} k_l(x)\|_E \leq 1$$

für jedes $r \in \mathbb{N}$. Da E die Fatou-Eigenschaft besitzt, existiert $\bigvee_{l\geq 1} k_l(x)$ in E und es ist $\| \bigvee_{l\geq 1} k_l(x)\|_E \leq 1$ (siehe (9.5)ff.). Dies bedeutet gerade $x \in (X_0,X_1)_{g,h,E}$ und $\|x\|_{g,h,E} \leq 1$. ∎

Weitaus schwieriger ist es, eine nicht-triviale Bedingung dafür anzugeben, daß die Einbettungsabbildung $j_{g,h,E} : (X_0,X_1)_{g,h,E} \to \Sigma(X_0,X_1)$ **-injektiv ist. Das folgende Theorem verallgemeinert ein Resultat von M.Mastyło ([M], Prop.3.2).

10.8 Theorem. *Sei (X_0,X_1) ein Interpolationspaar und (g,h) ein Interpolationsparameter bezüglich E. Wir nehmen an, daß E und E' ordnungsstetige Norm besitzen. Dann ist die kanonische Injektion $j_{g,h,E} : (X_0,X_1)_{g,h,E} \to \Sigma(X_0,X_1)$ **-injektiv.*

Beweis. Für den Beweis der Behauptung genügt es zu zeigen, daß $j'_{g,h,E}(\Sigma(X_0,X_1)')$ dicht in $(X_0,X_1)'_{g,h,E}$ ist. Die Abbildungen $k_n = k_n(.;g,h) : X_0 + X_1 \to E$, $n \in \mathbb{N}$, seien wie in (10.2) gegeben. Aus Lemma 10.1 c),d) folgt, daß

$$p_n : X_0 + X_1 \to \mathbb{R}_+ : x \mapsto \|k_n(x)\|_E$$

für jedes $n \in \mathbb{N}$ eine zur Norm von $\Sigma(X_0,X_1)$ äquivalente Norm definiert. Es sei

$$W := \{(x_n) \in (X_0 + X_1)^{\mathbb{N}} : (\bigvee_{l=1}^{n} k_l(x_l))_{n\in\mathbb{N}} \text{ konvergiert in } E\},$$

versehen mit der Norm

$$\|x_n\|_W := \| \bigvee_{n\geq 1} k_n(x_n)\|_E.$$

Mit $D := \{(x_n) \in W : x_l = x_m$ für alle $l, m \in \mathbb{N}\}$ bezeichnen wir den "Diagonalraum" zu W mit der von W induzierten Norm. Die Abbildung $S : (X_0, X_1)_{g,h,E} \to D : x \mapsto (x, x, ...)$ ist eine surjektive Isometrie (siehe (10.3)). Bezeichnet $P : D \to \Sigma(X_0, X_1) : (x_n) \mapsto x_1$ die Projektion auf die erste Koordinate, so gilt $j_{g,h,E} = PS$. Es genügt nun zu zeigen, daß $P'(\Sigma(X_0, X_1)')$ dicht in D' ist.
Wir unterteilen den Beweis in mehrere Schritte.

1. Schritt: Der Dualraum W' von W läßt sich identifizieren mit

$$Z := \{(x'_n) \in (\Sigma(X_0, X_1)')^{\mathbb{N}} : (< x_n, x'_n >)_n \text{ ist summierbar für jedes } (x_n) \in W\},$$

wobei die Dualität gegeben ist durch $< (x_n), (x'_n) > := \sum_{n \geq 1} < x_n, x'_n >$ für $(x'_n) \in Z$ und $(x_n) \in W$.
Dies können wir folgendermaßen einsehen. Es sei $x' \in W'$. Wir setzen $P_m : W \to W : (x_n) \mapsto (x_1, ..., x_m, 0, 0, ...)$, $m \in \mathbb{N}$. Da die Norm von E ordnungsstetig ist, gilt $\lim_m P_m x = x$ für jedes $x \in W$. Wegen der Äquivalenz der Normen p_n, $n \in \mathbb{N}$, und der Norm von $\Sigma(X_0, X_1)$ ist $(P_m W)'$ isomorph zu $(\Sigma(X_0, X_1)')^m$ für jedes $m \in \mathbb{N}$. Hieraus folgt die Existenz einer Folge (x'_n) in $\Sigma(X_0, X_1)'$ mit der Eigenschaft $< P_m x, x' > = \sum_{n=1}^{m} < x_n, x'_n >$ für jedes $x = (x_n) \in W$ und jedes $m \in \mathbb{N}$. Da (P_n) punktweise gegen Id_W konvergiert, ist dann $< x, x' > = \sum_{n \geq 1} < x_n, x'_n >$ für jedes $x = (x_n) \in W$. Dies beweist $W' \subseteq Z$.
Ist umgekehrt $(x'_n) \in Z$ gegeben, so ist $x' : W \to \mathbb{R} : (x_n) \mapsto \sum_{n \geq 1} < x_n, x'_n >$ der punktweise Limes einer Folge stetiger Linearformen auf W. Nach dem Satz von Banach-Steinhaus ist dann $x' \in W'$ und dies beweist schließlich $W' = Z$.

2. Schritt: Ist $(x'_n) \in W'$ und $(\varepsilon_n) \in \{-1, 1\}^{\mathbb{N}}$, so gilt $(\varepsilon_n x'_n) \in W'$ und $\|(x'_n)\|_{W'} = \|(\varepsilon_n x'_n)\|_{W'}$.
Wir betrachten dazu ein $(x_n) \in W$. Es gilt $(\varepsilon_n x_n) \in W$ und $\|(x_n)\|_W = \|(\varepsilon_n x_n)\|_W$. Nach dem ersten Schritt ist $< (\varepsilon_n x_n), (x'_n) > = \sum_{n \geq 1} \varepsilon_n < x_n, x'_n >$. Hieraus erhalten wir $(\varepsilon_n x'_n) \in W'$ und $\|(\varepsilon_n x'_n)\|_{W'} = \|(x'_n)\|_{W'}$.

3. Schritt: Die Operatoren $P'_m : W' \to W' : (x'_n) \mapsto (x'_1, ..., x'_m, 0, 0, ...)$ konvergieren punktweise gegen $Id_{W'}$ für $m \to \infty$.
Angenommen, dies ist nicht der Fall. Dann existieren $(x'_n) \in W'$ und eine Zahl $c > 0$ derart, daß

$$\|(Id_{W'} - P'_m)(x'_n)\|_{W'} = \|(0, ..., 0, x'_{m+1}, x'_{m+2}, ...)\|_{W'} > c$$

ist für jedes $m \in \mathbb{N}$. Andererseits konvergiert $(Id_W - P_m)$ punktweise gegen Null (siehe 1. Schritt). Induktiv lassen sich dann Elemente $(x_n^{(m)})_{n \in \mathbb{N}} \in W$ der Norm eins und Mengen M_m in $\mathbb{N}$ finden, $m \in \mathbb{N}$, mit den Eigenschaften:

(i) $< (x_n^{(m)}), (x'_n) > \; > c$ für jedes $m \in \mathbb{N}$,

(ii) $M_m = \{n \in \mathbb{N} : x_n^{(m)} \neq 0\}$,

(iii) $M_l \cap M_m = \emptyset$ für alle $l, m \in \mathbb{N}$ mit $l \neq m$.

Die Bedingungen (ii) und (iii) bedeuten gerade, daß die Folgen $(x_n^{(m)})_{n\in\mathbb{N}}$, $m \in \mathbb{N}$, disjunkte Trägermengen in $\mathbb{N}$ haben. Sind nun $\alpha_1, ..., \alpha_r$ beliebige reelle Zahlen, so ergibt sich mit Hilfe des 2. Schritts

$$\begin{aligned} c\sum_{k=1}^{r}|\alpha_k| &\leq \sum_{k=1}^{r} < \alpha_k \operatorname{sgn}\alpha_k(x_n^{(k)}), (x'_n) > \\ &= < \textstyle\sum_{k=1}^{r}\alpha_k(x_n^{(k)}), (\varepsilon_n x'_n) > \text{ für passendes } (\varepsilon_n) \in \{-1,1\}^{\mathbb{N}} \\ &\leq \|(x'_n)\|^{-1}\|\sum_{k=1}^{r}\alpha_k(x_n^{(k)})\| \leq \|(x'_n)\|^{-1}\sum_{k=1}^{r}|\alpha_k|. \end{aligned}$$

Die Folge $((x_n^{(m)}))_{m\in\mathbb{N}}$ ist also äquivalent zur Einheitsvektorbasis von l_1. Aufgrund der Disjunktheit der Träger der Elemente $(x_n^{(m)})$, $m \in \mathbb{N}$, und aus der Definition der Norm von W ergibt sich, daß E einen zu l_1 isomorphen Unterverband enthält. Dies widerspricht jedoch der Annahme, daß E' ordnungsstetige Norm besitzt (siehe [**Kü**], Satz).

4. Schritt: Der Raum $P'(\Sigma(X_0, X_1)')$ ist dicht in D'.
Es sei $x' \in D'$. Wir betrachten eine Fortsetzung $(x'_n) \in W'$ von x'. Ist $(y_n) \in D$ und $y_n = y$ für alle $n \in \mathbb{N}$, so gilt

$$\begin{aligned} < x' - P'(\sum_{k=1}^{m} x'_k), (y_n) > &= < (x'_n), (y_n) > - \sum_{k=1}^{m} < x'_k, y > \\ &= < (x'_n), (y_n) > - < P'_m(x'_n), (y_n) > \\ &\leq \|(Id_{W'} - P'_m)(x'_n)\|_{W'}\|(y_n)\|_D \end{aligned}$$

für jedes $m \in \mathbb{N}$. Nach dem dritten Schritt ist dann $x' = \lim_m P'(\sum_{k=1}^{m} x'_k)$ in D', und damit ist das Theorem bewiesen. ∎

Damit $j_{g,h,E}$ ein Tauber-Operator ist, benötigen wir neben der **-Injektivität, daß $j_{g,h,E}$ eine Semi-Einbettung ist (siehe (8.4)). Dies war schon Gegenstand von Satz 10.7. Wir erhalten nun die folgende Verallgemeinerung eines Resultats von R.D.Neidinger ([**Ne2**], Thm.2, (1)).

10.9 Theorem. *Es sei (g, h) ein Interpolationsparameter bezüglich E und E sei reflexiv. Dann ist für jedes Interpolationspaar (X_0, X_1) die Einbettungsabbildung $j_{g,h,E} : (X_0, X_1)_{g,h,E} \to \Sigma(X_0, X_1)$ ein Tauber-Operator.*

Beweis. Der Raum E erfüllt die Voraussetzungen von Theorem 10.8 und Satz 10.7. Die Behauptung folgt dann mit (8.4). ∎

Bemerkung. Unter den Voraussetzungen von Theorem 10.8 und Theorem 10.9 erbt der Interpolationsraum $(X_0, X_1)_{g,h,E}$ gewisse strukturelle Eigenschaften des Raums $\Sigma(X_0, X_1)$ (siehe Satz 8.4).

Für einen Operator $T \in \mathfrak{L}((X_0, X_1), (Y_0, Y_1))$ zwischen Interpolationspaaren (X_0, X_1) und (Y_0, Y_1) bezeichne

$$T_{g,h,E} : (X_0, X_1)_{g,h,E} \to (Y_0, Y_1)_{g,h,E}$$

den von T induzierten Operator.

Das nachfolgende Theorem verallgemeinert Ergebnisse von B.Beauzamy ([**B2**], III.1, Thm.1, Thm.2), R.D.Neidinger ([**Ne2**], Thm.5) und M.Mastyło ([**M**], Thm.3.3).

10.10 Theorem. *Es sei (g, h) ein Interpolationsparameter bezüglich E. Die charakteristische Funktion $\phi_{g,h,E}$ von $\mathcal{K}_{g,h,E}$ genüge der Bedingung $\lim_{t\to\infty} \phi_{g,h,E}(t, 1) = \lim_{t\to\infty} \phi_{g,h,E}(1, t) = \infty$. Die Normen von E und E' seien ordnungsstetig. Schließlich sei $T \in \mathfrak{L}((X_0, X_1), (Y_0, Y_1))$ ein Operator zwischen Interpolationspaaren (X_0, X_1) und (Y_0, Y_1). Dann gilt:*

a) *$T_{g,h,E}$ besitzt genau dann separables Bild, wenn das Bild von $T_{\Delta\Sigma}$ separabel ist.*
b) *$T_{g,h,E}$ ist genau dann l_1-singulär, wenn $T_{\Delta\Sigma}$ l_1-singulär ist.*
c) *Ist E reflexiv, dann ist $T_{g,h,E}$ genau dann schwach kompakt, wenn $T_{\Delta\Sigma}$ schwach kompakt ist.*

Beweis. Nach Theorem 10.8 sind die Voraussetzungen von Theorem 8.2 b) erfüllt und somit gelten a) und b). Aussage c) ergibt sich aus Theorem 10.9 und Theorem 8.3 b). ∎

Bemerkung. Die Voraussetzungen von Theorem 10.10 sind erfüllt, wenn E reflexiv ist und $g \notin E, h \notin E$ gilt (siehe Satz 10.6).

Unser nächstes Resultat gibt Auskunft über die Struktur von $(X_0, X_1)_{g,h,E}$, wenn (X_0, X_1) ein Interpolationspaar von Banachverbänden ist (siehe §6). Bei der Definition des Raums $(X_0, X_1)_{g,h,E}$ haben wir erwähnt, daß dann $(X_0, X_1)_{g,h,E}$ ein normierter Vektorverband und ein Ideal in $X_0 + X_1$ ist.

10.11 Satz. *Es sei (g,h) ein Interpolationsparameter bezüglich E. Die charakteristische Funktion $\phi_{g,h,E}$ von $\mathcal{K}_{g,h,E}$ genüge der Bedingung $\lim_{t\to\infty}\phi_{g,h,E}(t,1) = \lim_{t\to\infty}\phi_{g,h,E}(1,t) = \infty$. Weiter seien die Normen von E und E' ordnungsstetig. Ist (X_0,X_1) ein Interpolationspaar von Banachverbänden und bezeichnet $I_{\Delta\Sigma} : \Delta(X_0,X_1) \to \Sigma(X_0,X_1)$ die kanonische Einbettung, dann gilt:*

a) *$(X_0,X_1)_{g,h,E}$ besitzt genau ordnungsstetige Norm, wenn $I_{\Delta\Sigma}$ ordnungsschwach kompakt ist (d.h. $I_{\Delta\Sigma}$ bildet Ordnungsintervalle in relativ schwach kompakte Mengen ab).*

b) *$(X_0,X_1)'_{g,h,E}$ besitzt genau dann ordnungsstetige Norm, wenn $I_{\Delta\Sigma}$ beschränkte, orthogonale Folgen in schwache Nullfolgen abbildet.*

Beweis. Dem eigentlichen Beweis stellen wir die beiden folgenden Beobachtungen voran:

(*) Die kanonischen Einbettungen von $\Delta(X_0,X_1)$ in $(X_0,X_1)_{g,h,E}$ und von $(X_0,X_1)_{g,h,E}$ in $\Sigma(X_0,X_1)$ sind Verbandshomomorphismen.

(**) Zu jedem $\varepsilon > 0$ existiert ein $N_\varepsilon \geq 0$ derart, daß in $X_0 + X_1$ die Inklusion $B_{(X_0,X_1)_{g,h,E}} \subseteq N_\varepsilon B_{\Delta(X_0,X_1)} + \varepsilon B_{\Sigma(X_0,X_1)}$ gilt.

Dabei folgt (*) aus der Tatsache, daß $(X_0,X_1)_{g,h,E}$ ein Ideal in X_0+X_1 ist, und (**) ergibt sich aus der Voraussetzung und Bemerkung a) nach Korollar 7.6.

a) Besitzt $(X_0,X_1)_{g,h,E}$ ordnungsstetige Norm, so sind die Ordnungsintervalle in $(X_0,X_1)_{g,h,E}$ schwach kompakt ([**S2**], II.5.10). Da sich $I_{\Delta\Sigma}$ nach (*) mit positiven Operatoren über den Raum $(X_0,X_1)_{g,h,E}$ faktorisieren läßt, ist $I_{\Delta\Sigma}$ ordnungsschwach kompakt.
Sei nun umgekehrt $I_{\Delta\Sigma}$ ein ordnungsschwach kompakter Operator. Dies impliziert, daß jedes Ordnungsintervall $[-z,z]$, $z \in (X_0 \cap X_1)_+$, schwach kompakt in $\Sigma(X_0,X_1)$ ist. Es sei $y \in ((X_0,X_1)_{g,h,E})_+$ und ohne Einschränkung gelte $\|y\|_{g,h,E} \leq 1$. Die Mengen $B_{\Delta(X_0,X_1)}$ und $B_{\Sigma(X_0,X_1)}$ sind solid in X_0+X_1. Wegen (**) und der Zerlegungseigenschaft von $\Sigma(X_0,X_1)$ (siehe (0.3)) existiert zu jedem $\varepsilon > 0$ ein $N_\varepsilon \geq 0$ und ein positives Element $x_\varepsilon \in B_{\Delta(X_0,X_1)}$, so daß

$$[-y,y] \subseteq N_\varepsilon[-x_\varepsilon,x_\varepsilon] + \varepsilon B_{\Sigma(X_0,X_1)}$$

gilt. Damit ergibt sich die Existenz eines Elements $x \in (X_0 \cap X_1)_+$, so daß es zu jedem $\varepsilon > 0$ ein $M_\varepsilon \geq 0$ gibt mit der Eigenschaft

$$[-y,y] \subseteq M_\varepsilon[-x,x] + \varepsilon B_{\Sigma(X_0,X_1)}.$$

Das Intervall $[-x,x]$ ist nach Voraussetzung $\sigma(\Sigma(X_0,X_1),\Sigma(X_0,X_1)')$-kompakt, und $[-y,y]$ wird in $\Sigma(X_0,X_1)$ von $[-x,x]$ fast absorbiert ((2.1)). Hieraus folgt mit einem Resultat von R.D.Neidinger ([**Ne2**], Lemma 3) die $\sigma(\Sigma(X_0,X_1),\Sigma(X_0,X_1)')$-Kompaktheit der Menge $[-y,y]$. Aus der Voraussetzung folgt weiter, daß die Einbettungsabbildung $j_{g,h,E}$ von $(X_0,X_1)_{g,h,E}$ in $\Sigma(X_0,X_1)$ **-injektiv ist (Theorem 10.8). Nach Satz 8.1 c) ist dann $[-y,y]$ $\sigma((X_0,X_1)_{g,h,E},(X_0,X_1)'_{g,h,E})$-kompakt. Insgesamt erhalten wir damit, daß jedes (symmetrische) Ordnungsintervall in $(X_0,X_1)_{g,h,E}$ schwach kompakt ist. Dies ist jedoch äquivalent zu der Aussage, daß $(X_0,X_1)_{g,h,E}$ ordnungsstetige Norm besitzt ([**S2**], II.5.10).

b) Im weiteren Verlauf des Beweises verwenden wir die folgende Äquivalenz (siehe [**Kü**], Satz):

$(*\,*\,*)$ In einem Banachverband F ist genau dann jede beschränkte, orthogonale Folge eine schwache Nullfolge, wenn F' ordnungsstetige Norm besitzt.

Die Norm von $(X_0,X_1)'_{g,h,E}$ sei ordnungsstetig. Wegen $(*)$ und $(*\,*\,*)$ bildet dann $I_{\Delta\Sigma}$ beschränkte, orthogonale Folgen in schwache Nullfolgen ab.

Wir nehmen nun umgekehrt an, daß $I_{\Delta\Sigma}$ beschränkte, orthogonale Folgen in schwache Nullfolgen abbildet. Es sei (y_n) eine orthogonale Folge in $B_{(X_0,X_1)_{g,h,E}}$. Da die Mengen $B_{\Delta(X_0,X_1)}$ und $B_{\Sigma(X_0,X_1)}$ solid in X_0+X_1 sind, existiert wegen $(**)$ und der Zerlegungseigenschaft ((0.3)) von $\Sigma(X_0,X_1)$ zu jedem $\varepsilon>0$ ein $N_\varepsilon\geq 0$ und eine orthogonale Folge $(x_{n,\varepsilon})_{n\in\mathbb{N}}$ in $B_{\Delta(X_0,X_1)}$ derart, daß für jedes $n\in\mathbb{N}$

$$y_n\in N_\varepsilon x_{n,\varepsilon}+\varepsilon B_{\Sigma(X_0,X_1)}$$

gilt. Nach Voraussetzung ist $(x_{n,\varepsilon})$ für jedes $\varepsilon>0$ eine $\sigma(\Sigma(X_0,X_1),\Sigma(X_0,X_1)')$-Nullfolge. Hieraus folgt, daß (y_n) eine $\sigma(\Sigma(X_0,X_1),\Sigma(X_0,X_1)')$-Nullfolge ist. Nun nützen wir wieder die **-Injektivität der kanonischen Einbettung von $(X_0,X_1)_{g,h,E}$ in $\Sigma(X_0,X_1)$ aus (Theorem 10.8). Nach Satz 8.1 c) ist dann $\{y_n:n\in\mathbb{N}\}\cup\{0\}$ eine $\sigma((X_0,X_1)_{g,h,E},(X_0,X_1)'_{g,h,E})$-kompakte Menge. Eine einfache Überlegung zeigt, daß jede schwach konvergente, orthogonale Folge in einem Banachverband notwendigerweise gegen Null konvergiert (vgl. [**AB6**], Exerc.14.17). Somit ist jede orthogonale Folge in $B_{(X_0,X_1)_{g,h,E}}$ eine $\sigma((X_0,X_1)_{g,h,E},(X_0,X_1)'_{g,h,E})$-Nullfolge. Mit $(*\,*\,*)$ folgt schließlich die Behauptung. ∎

Zum Abschluß möchten wir noch ein Resultat zu den Interpolationsfunktoren $\mathcal{K}_{\theta,p}$, $1\leq p\leq\infty$, $0<\theta<1$, erwähnen. Es befaßt sich mit Eigenschaften von Operatoren zwischen Interpolationsräumen auf unterschiedlichen "Ebenen". Wir erinnern an die Bezeichnungen $\overline{\mathfrak{A}}$, $\mathfrak{A}^{\mathrm{inj}}$ und $\mathfrak{A}^{\mathrm{sur}}$ von §3 für ein Operatorenideal $\mathfrak{A}$ und an die Interpolationsräume $(X_0,X_1)_{\theta,p}$ aus §6.

10.12 Satz. *Es seien (X_0, X_1) und (Y_0, Y_1) Interpolationspaare und es gelte $X_0 \subseteq X_1$ oder $Y_0 \subseteq Y_1$. Weiter seien ein Operator $T \in \mathfrak{L}((X_0, X_1), (Y_0, Y_1))$, ein Operatorenideal $\mathfrak{A}$ und Zahlen $0 < \theta < \omega < 1$ und $1 \leq p, q \leq \infty$ gegeben. Ist $T_0 \in \mathfrak{A}(X_0, Y_0)$ oder $T_1 \in \mathfrak{A}(X_1, Y_1)$, dann gilt $T_{\theta,p,\omega,q} \in (\overline{\mathfrak{A}}^{\text{inj}})^{\text{sur}}((X_0, X_1)_{\theta,p}, (Y_0, Y_1)_{\omega,q})$, wobei $T_{\theta,p,\omega,q} : (X_0, X_1)_{\theta,p} \to (Y_0, Y_1)_{\omega,q}$ den von T induzierten Operator bezeichnet.*

Beweis. Wir betrachten zuerst den Fall $X_0 \subseteq X_1$. Es gilt $(X_0, X_1)_{\theta,p} \subseteq (X_0, X_1)_{\omega,1}$ und $(Y_0, Y_1)_{\omega,1} \subseteq (Y_0, Y_1)_{\omega,q}$, wobei die Einbettungen stetig sind ([**BeL**], 3.4.1). Da $T : (X_0, X_1)_{\omega,1} \to (Y_0, Y_1)_{\omega,1}$ stetig ist (siehe (6.6)ff.), bildet T den Raum $(X_0, X_1)_{\theta,p}$ stetig in $(Y_0, Y_1)_{\omega,q}$ ab. Als nächstes wenden wir Korollar 7.3 auf den Interpolationsfunktor $\mathcal{K}_{\omega,q}$, den Raum $X = X_0$ und das Interpolationspaar (Y_0, Y_1) an (siehe Beispiel 7.4 a)). Zusammen mit Theorem 4.1 erhalten wir $T_{0,\omega,q} \in \overline{\mathfrak{A}}^{\text{inj}}(X_0, (Y_0, Y_1)_{\omega,q})$, wobei $T_{0,\omega,q} : X_0 \to (Y_0, Y_1)_{\omega,q}$ den von T induzierten Operator bezeichnet. Es sei nun $\rho \in (\theta, \omega)$. Dann ist $(X_0, X_1)_{\rho,p} \subseteq (X_0, X_1)_{\omega,q}$ mit stetiger Einbettung ([**BeL**], 3.4.1). Wie zu Beginn des Beweises folgt, daß T den Raum $(X_0, X_1)_{\rho,p}$ stetig in $(X_0, X_1)_{\omega,q}$ abbildet. Nach dem Iterationstheorem ([**BeL**], 3.5.3) gilt $(X_0, X_1)_{\theta,p} = (X_0, (X_0, X_1)_{\rho,p})_{\lambda,p}$ für $\lambda := \frac{\theta}{\rho}$. Nun wenden wir Korollar 7.6 auf den Interpolationsfunktor $\mathcal{K}_{\lambda,p}$, das Interpolationspaar $(X_0, (X_0, X_1)_{\rho,p})$ und den Raum $Y = (Y_0, Y_1)_{\omega,q}$ an. Mit Theorem 4.2 folgt dann $T_{\theta,p,\omega,q} \in (\overline{\mathfrak{A}}^{\text{inj}})^{\text{sur}}((X_0, X_1)_{\theta,p}, (Y_0, Y_1)_{\omega,q})$.
Ganz analog erhalten wir $T_{\theta,p,\omega,q} \in (\overline{\mathfrak{A}}^{\text{sur}})^{\text{inj}}((X_0, X_1)_{\theta,p}, (Y_0, Y_1)_{\omega,q})$ für $Y_0 \subseteq Y_1$. Wegen $(\overline{\mathfrak{A}}^{\text{sur}})^{\text{inj}} = (\overline{\mathfrak{A}}^{\text{inj}})^{\text{sur}}$ (siehe [**Pi**], 4.7.20) gilt die Behauptung dann auch in diesem Fall. ∎

Bemerkungen. a) Satz 10.11 verallgemeinert ein Resultat von J.-L.Lions und J.Peetre ([**LP**], V.2.3).

b) Mit genau denselben Argumenten wie in [**He**], Prop.2.2, kann man das folgende Ergebnis beweisen (siehe [**He**], Prop.2.2, Thm.2.3):

Es bezeichne $\mathfrak{A}$ eines der Operatorenideale $\mathfrak{W}$, $\mathfrak{Ro}$, $\mathfrak{BS}$ oder $\mathfrak{Q}$ (siehe §4). Weiter sei T ein Operator zwischen Interpolationspaaren (X_0, X_1) und (Y_0, Y_1) und es seien $0 < \theta < 1$ und $1 < p < \infty$. Gilt $T_0 \in \mathfrak{A}(X_0, Y_0)$ oder $T_1 \in \mathfrak{A}(X_1, Y_1)$, dann ist $T_{\theta,p} \in \mathfrak{A}((X_0, X_1)_{\theta,p}, (Y_0, Y_1)_{\theta,p})$, wobei $T_{\theta,p} : (X_0, X_1)_{\theta,p} \to (Y_0, Y_1)_{\theta,p}$ der von T induzierte Operator ist.

Für die Operatorenideale $\mathfrak{W}$ und $\mathfrak{Ro}$ erhalten wir die obige Aussage auch als Folgerung aus Theorem 10.10.

III. Ordnungsabsolutstetigkeit zwischen Operatoren auf Banachverbänden

Bei der Definition der Absolutstetigkeit spielt neben den Operatoren lediglich die topologische Struktur der betrachteten Räume eine Rolle. Für Operatoren auf Banachverbänden sind Absolutstetigkeitsbedingungen oft an die Ordnungsstruktur des Raums gebunden, oder sie lassen sich wenigstens mit ihrer Hilfe einfacher ausdrücken. In Ansätzen konnten wir dies bereits bei den Absolutstetigkeitsaussagen für schwach kompakte Operatoren auf AM-Räumen mit Einheit (Beispiel 1.1, 1.3) und für zueinander absolutstetige Maße (Beispiel 1.5) feststellen.

Wir greifen in diesem Kapitel nochmals den Gedankengang aus Beispiel 1.1 auf und motivieren damit die Einführung der Ordnungsabsolutstetigkeit zwischen Operatoren auf einem Banachverband (Definition 11.2). Wir zeigen an mehreren Beispielen, wo die neue Begriffsbildung in Erscheinung tritt (§11).

Wie bei der Absolutstetigkeit läßt sich die Ordnungsabsolutstetigkeit durch eine Bedingung an die Adjungierten beschreiben (§12). Wir erhalten damit einen anderen Zugang zu einer Charakterisierung ordnungsschwach kompakter Operatoren auf Banachverbänden mit quasi-innerem Punkt von C.P.Niculescu ([**Ni3**]).

Anschließend beschäftigen wir uns mit Darstellungen des Raums $OAC(S, R; .)$ der zu einem Paar (S, R) ordnungsabsolutstetigen Operatoren (§13). Dabei spielt die Zurückführung der Ordnungsabsolutstetigkeit auf die Absolutstetigkeit (bezüglich eines anderen Paars von Operatoren) eine wesentliche Rolle. Weiter gehen wir der Frage nach, wann die regulären Operatoren in $OAC(S, R; .)$ ein Verbandsideal im Raum der regulären Operatoren bilden.

Was das Erblichkeitsverhalten ordnungsabsolutstetiger Operatoren angeht, so erhalten wir deutlich schwächere Aussagen als für absolutstetige Operatoren (§14; siehe auch Kapitel IV).

Zum Abschluß des Kapitels beschäftigen wir uns mit der Approximierbarkeit schwach kompakter Operatoren durch L_p-faktorisierbare Operatoren (§15). In diesem Zusammenhang führen wir die Klasse der schwachen Schur-Räume ein und erweitern ein Resultat von H.P.Rosenthal ([**Ros1**]) über die Struktur reflexiver Teilräume von AL-Räumen auf diese Klasse von Räumen.

11. Ordnungsabsolutstetigkeit zwischen Operatoren auf Banachverbänden: Elementare Eigenschaften und Beispiele

Wir haben in Beispiel 1.5 gesehen, daß sich die Absolutstetigkeit von Maßen ν und μ auf einer σ-Algebra Σ im allgemeinen nicht durch die Absolutstetigkeit der induzierten Linearformen x'_ν und x'_μ auf dem Raum $B(\Sigma)$ der beschränkten, reellwertigen,

Σ-meßbaren Funktionen charakterisieren läßt. Es ergibt sich jedoch die Äquivalenz zu einer anderen, der Absolutstetigkeit ähnlichen Bedingung an x'_ν und x'_μ. Diesen Zusammenhang wollen wir in dem nachstehenden Beispiel ausführen.

11.1 Beispiel. Sei Σ eine σ-Algebra von Teilmengen einer Menge Ω. Weiter seien ν und μ beschränkte, reellwertige (abzählbar additive) Maße auf Σ. Das Maß ν heißt *absolutstetig bezüglich* μ, wenn

$$(*) \qquad \lim_{|\mu|(A)\to 0} |\nu(A)| = 0$$

gilt, wobei $|\mu|$ die Totalvariation von μ bezeichnet ([**DuS**], III.4.12). Eine einfache Überlegung zeigt (siehe dazu [**DuS**], III.1.5), daß $(*)$ zu der folgenden Bedingung äquivalent ist.

$$(**) \qquad \begin{array}{l} \text{Zu jedem } \varepsilon > 0 \text{ existiert ein } N_\varepsilon \geq 0, \text{ so daß} \\ |\nu(A)| \;\leq\; N_\varepsilon \sup_{B\in\Sigma, B\subseteq A} |\mu(B)| + \varepsilon \quad \text{für alle } A \in \Sigma \text{ gilt.} \end{array}$$

Es bezeichne $B(\Sigma)$ den Raum der beschränkten, reellwertigen, Σ-meßbaren Funktionen auf Ω, versehen mit der Supremumsnorm, und x'_ν und x'_μ seien die von ν und μ induzierten stetigen Linearformen auf $B(\Sigma)$ (siehe Beispiel 1.5). Dann ist $(**)$ äquivalent zu der nachstehenden Aussage.

$$(11.1) \qquad \begin{array}{rcl} \multicolumn{3}{l}{\text{Zu jedem } \varepsilon > 0 \text{ existiert ein } N_\varepsilon \geq 0, \text{ so daß}} \\ |< x'_\nu, f >| &=& |\int f d\nu| \\ &\leq& N_\varepsilon \sup_{g\in B(\Sigma), |g|\leq|f|} |\int g d\mu| + \varepsilon \|f\| \\ &=& N_\varepsilon \sup_{g\in B(\Sigma), |g|\leq|f|} |< x'_\mu, g >| + \varepsilon \|f\| \\ \multicolumn{3}{l}{\text{für alle } f \in B(\Sigma) \text{ gilt.}} \end{array}$$

Hierbei ist $B(\Sigma)$ mit der punktweisen Ordnung versehen, und $|g| \leq |f|$ für $f, g \in B(\Sigma)$ bedeutet $|g(\omega)| \leq |f(\omega)|$ für alle $\omega \in \Omega$.

Motiviert durch diese Beobachtung führen wir die folgende Bezeichnungsweise ein (vgl. Definition 1.2).

11.2 Definition. Sei E ein Banachverband. Weiter seien F, G und H Banachräume und $T \in \mathfrak{L}(E,F)$, $S \in \mathfrak{L}(E,G)$ und $R \in \mathfrak{L}(E,H)$ Operatoren. Wir nennen T *ordnungsabsolutstetig bezüglich* (S,R) (i.Z. $T \ll_o (S,R)$), wenn die folgende Bedingung erfüllt ist.

$$(11.2) \qquad \begin{array}{l} \text{Zu jedem } \varepsilon > 0 \text{ existiert eine Zahl } N_\varepsilon \geq 0, \text{ so daß} \\ \|Tx\| \leq N_\varepsilon \sup_{|y|\leq|x|} \|Sy\| + \varepsilon \sup_{|y|\leq|x|} \|Ry\| \quad \text{für jedes } x \in E \text{ gilt.} \end{array}$$

Ist $E = H$ und $R = Id_E$, so sagen wir, T ist *ordnungsabsolutstetig bezüglich* S (i.Z. $T \ll_o S$). Es ist also genau dann $T \ll_o S$, wenn die nachstehende Aussage gilt.

(11.3) Zu jedem $\varepsilon > 0$ existiert ein $N_\varepsilon \geq 0$ derart, daß $\|Tx\| \leq N_\varepsilon \sup_{|y| \leq |x|} \|Sy\| + \varepsilon \|x\|$ für alle $x \in E$ ist.

Bemerkung. Jede stetige Verbandshalbnorm auf einem Banachverband E besitzt eine Darstellung $x \mapsto \sup_{|y| \leq |x|} \|Sy\|$ für einen geeigneten Operator S von E in einen Banachraum G. Somit führen (11.3) und die Absolutstetigkeit von Operatoren bezüglich stetiger Verbandshalbnormen (siehe (1.2)) zu demselben Absolutstetigkeitsbegriff.

Mit der neu eingeführten Sprechweise können wir das in Beispiel 11.1 hergeleitete Ergebnis wie folgt formulieren.

11.3 Beispiel. Es seien Σ eine σ-Algebra, ν und μ beschränkte, reellwertige Maße auf Σ und x'_ν und x'_μ die induzierten stetigen Linearformen auf $B(\Sigma)$. Dann ist das Maß ν genau dann absolutstetig bezüglich μ, wenn $x'_\nu \ll_o x'_\mu$ gilt.

Als nächstes stellen wir einige einfache Folgerungen aus den Beziehungen (11.2) und (11.3) zusammen.

Es seien E ein Banachverband, F, G und H Banachräume und $T \in \mathfrak{L}(E, F)$, $S \in \mathfrak{L}(E, G)$ und $R \in \mathfrak{L}(E, H)$ Operatoren.

(11.4) Aus $T \ll_o (S, R)$ folgt $T \ll_o S$.

(11.5) Es gilt stets $T \ll_o (T, R)$.

(11.6) Ist $T \ll_o (S, R)$ und $\tilde{T} \ll_o (S, R)$ für ein $\tilde{T} \in \mathfrak{L}(E, F)$, dann gilt $\alpha T + \beta \tilde{T} \ll_o (S, R)$ für beliebige $\alpha, \beta \in \mathbf{R}$.

(11.7) Ist $T \ll_o (S, R)$ und $\tilde{S}$ ein Operator von E in einen Banachraum X, so daß $S \ll_o (\tilde{S}, R)$ gilt, dann ist $T \ll_o (\tilde{S}, R)$.

(11.8) Ist $T \ll_o (S, R)$ und Q ein Operator von F in einen Banachraum Y, dann gilt $QT \ll_o (S, R)$. Falls Q ein Isomorphismus ist, folgt umgekehrt aus $QT \ll_o (S, R)$ die Beziehung $T \ll_o (S, R)$.

Im verbleibenden Teil dieses Paragraphen widmen wir uns verschiedenen Beispielen zur Ordnungsabsolutstetigkeit zwischen Operatoren.

Unser erstes Beispiel zeigt, wie Absolutstetigkeit und Ordnungsabsolutstetigkeit miteinander zusammenhängen.

11.4 Beispiel. (*Absolutstetigkeit von Operatoren*) Sei E ein Banachverband und F, G und H seien Banachräume. Sind $T \in \mathfrak{L}(E,F)$, $S \in \mathfrak{L}(E,G)$ und $R \in \mathfrak{L}(E,H)$ Operatoren und ist $T \ll (S,R)$, dann gilt $T \ll_o (S,R)$.

Dies folgt unmittelbar aus der Definition der Ordnungsabsolutstetigkeit. Die Umkehrung der obigen Aussage ist im allgemeinen nicht richtig. Ist beispielsweise e_1 der erste und e_2 der zweite kanonische Einheitsvektor in $l_1 = c_0'$, dann gilt $e_1 \ll_o e_1 + e_2$, und es ist $e_1 \not\ll e_1 + e_2$.

Sind E und F Banachverbände, so ergibt sich eine natürliche Beziehung zwischen der kanonischen Ordnung des Raums $\mathfrak{L}(E,F)$ und der Ordnungsabsolutstetigkeit von Operatoren.

11.5 Beispiel. (*Majorisierung von Operatoren*) Seien E und F Banachverbände. Ist $S \in \mathfrak{L}(E,F)$ ein positiver Operator, dann gilt für $T \in \overline{\bigcup_{n\geq 1} n[-S,S]} \subseteq \mathfrak{L}(E,F)$ stets die Beziehung $T \ll_o S$ (dabei ist $[-S,S] := \{Q \in \mathfrak{L}(E,F) \ : \ -S \leq Q \leq S\}$). Insbesondere ist also $T \ll_o S$ für jeden Operator $T \in \mathfrak{L}(E,F)$ mit der Eigenschaft $0 \leq T \leq S$. Auf den elementaren Beweis gehen wir nicht näher ein.

Sind T und S Operatoren zwischen Banachverbänden und gilt $T \leq S$, so ist T genau dann regulär (siehe (0.4)), wenn S regulär ist. Die Ordnungsabsolutstetigkeit bietet uns die Möglichkeit, auch reguläre Operatoren mit nicht regulären Operatoren vergleichen zu können. Dies geht aus dem nachstehenden, von U.Krengel stammenden Beispiel hervor (siehe **[S2]**, IV.1, Example 2).

11.6 Beispiel. Wir definieren induktiv eine Folge (A_n) von Matrizen durch

$$A_1 := \begin{pmatrix} 1 & 1 \\ 1 & -1 \end{pmatrix} \qquad \text{und} \qquad A_{n+1} := \begin{pmatrix} A_n & A_n \\ A_n & -A_n \end{pmatrix}, \ n \in \mathbb{N}.$$

Sei $T_n : l_n^{2^n} \to l_n^{2^n}$, $n \in \mathbb{N}$, der von der unitären Matrix $2^{-n/2}A_n$ induzierte Operator. Dann gilt $\|T_n\| = 1$ und $|||T_n||| = 2^{n/2}$ (siehe **[S2]**, IV.1, Example 1). Es bezeichne $E := c_0(l_n^{2^n})$ die c_0-direkte Summe der Räume $l_n^{2^n}$, $n \in \mathbb{N}$. Für jede Folge $(\alpha_n) \in l_\infty$ ist durch

$$T_{(\alpha_n)} : E \to E : (x_n) \mapsto (\alpha_n T_n x_n)$$

ein Operator auf E gegeben. Es gelten die folgenden Aussagen (vgl. **[S2]**, IV.1, Example 2).

(∗) Der Operator $T_{(\alpha_n)}$ ist genau dann kompakt, wenn $(\alpha_n) \in c_0$ gilt.

(**) Der Operator $T_{(\alpha_n)}$ ist genau dann regulär, wenn $(\alpha_n 2^{n/2}) \in l_\infty$ gilt. In diesem Fall existiert $|T_{(\alpha_n)}|$ und es ist $|T_{(\alpha_n)}|(x_n) = (|\alpha_n||T_n|x_n)$ für alle $(x_n) \in E$.

(* * *) Es existiert genau dann $|T_{(\alpha_n)}|$ und $|T_{(\alpha_n)}|$ ist kompakt, wenn $(\alpha_n 2^{n/2}) \in c_0$ gilt.

Sind $(\alpha_n), (\beta_n) \in l_\infty$ und liegt (α_n) in dem von $(|\beta_n|)$ in l_∞ erzeugten abgeschlossenen Ideal, so zeigt eine einfache Rechnung, daß $T_{(\alpha_n)} \ll T_{(\beta_n)}$ gilt, und damit ist auch $T_{(\alpha_n)} \ll_o T_{(\beta_n)}$ (siehe Beispiel 11.4). Hieraus ergeben sich zusammen mit (**) Beispiele für Operatoren T und S auf E, so daß $T \ll_o S$ gilt und zusätzlich eine der nachstehenden Bedingungen erfüllt ist:

(i) T ist regulär und S ist nicht regulär,

(ii) T ist nicht regulär und S ist regulär,

(iii) T und S sind nicht regulär.

Sind E und F Banachverbände, so besteht nach Beispiel 11.5 eine kanonische Beziehung zwischen der Ordnungsstruktur des Raums $\mathfrak{L}(E,F)$ und der Ordnungsabsolutstetigkeit von Operatoren. Andererseits weisen Beispiel 11.6 und die nachfolgende Beobachtung auch auf grundlegende Unterschiede zwischen der Ordnungsrelation und der Ordnungsabsolutstetigkeit hin. Wir erinnern, daß $\mathfrak{L}^r(E)$ die Menge der regulären Operatoren auf dem Banachverband E bezeichnet (siehe (0.6)).

11.7 Beispiel. Auf $E = l_p$, $1 \le p \le \infty$, existieren (positive) Operatoren T und S, so daß $T \ll_o S$ gilt und T nicht in dem von S in $\mathfrak{L}^r(E)$ erzeugten Band liegt.

Seien $T : l_p \to l_p : (\xi_n) \mapsto (\xi_1, 0, \xi_2, 0, ...)$ und $S : l_p \to l_p : (\xi_n) \mapsto (0, \xi_1, 0, \xi_2, ...)$. Die Operatoren T und S sind Isometrien und somit gilt $T \ll_o S$. Andererseits ist für jedes $x \in (l_p)_+$

$$0 \le (T \wedge S)x \le Tx \wedge Sx = 0,$$

und somit sind die Operatoren T und S orthogonal. Insbesondere liegt T nicht in dem von S erzeugten Band.

In den beiden folgenden Beispielen beschäftigen wir uns mit zwei Faktorisierungsmethoden. Die erste Methode stammt von N.Ghoussoub und W.B.Johnson ([**GhJ**]) und beruht auf einer Umnormierungstechnik, die von T.Figiel, W.B.Johnson und L.Tzafriri in [**FJT**] eingeführt wurde.

11.8 Beispiel. (*Ghoussoub-Johnson-Faktorisierung*) Sei $T \in \mathfrak{L}(E,F)$ ein Operator von einem Banachverband E in einen Banachraum F. Durch $x \mapsto \sup_{|y| \le |x|} \|Ty\|$, $x \in E$, ist eine stetige Verbandshalbnorm p_T auf E gegeben. Bezeichnet $q : E \to$

$E/\ker p_T$ die Quotientenabbildung, so ist durch $\|qx\|_T := p_T(x)$, $x \in E$, eine Verbandsnorm auf $E/\ker p_T$ definiert. Die Vervollständigung von $E/\ker p_T$, versehen mit dieser Norm, bezeichnen wir mit (E, T), und $j_T : E \to (E, T)$ sei der von der Quotientenabbildung q induzierte Operator. Nach Konstruktion von (E, T) und j_T gilt

$$\|Tx\| \leq \sup_{|y| \leq |x|} \|Ty\| = \|j_T x\|_T$$

für jedes $x \in E$. Hieraus ergeben sich die Beziehungen $T \ll j_T$ und $j_T \ll_o T$. N.Ghoussoub und W.B.Johnson zeigen (siehe [**GhJ**], S.156), daß ein Operator $V \in \mathfrak{L}((E, T), F)$ mit der Eigenschaft $T = V j_T$ existiert.

Die folgende Faktorisierungsmethode geht auf die Davis-Figiel-Johnson-Pełczyński-Faktorisierung aus Beispiel 1.6 zurück. In dieser Form wurde sie erstmals von T.Figiel, W.B.Johnson und L.Tzafriri angewendet und später von C.D.Aliprantis und O.Burkinshaw ([**AB5**]) systematisch untersucht.

11.9 Beispiel. (*Davis-Figiel-Johnson-Pełczyński-Faktorisierung*) Wir verwenden dieselben Bezeichnungen wie in Beispiel 1.6. Sei $T \in \mathfrak{L}(E, F)$ ein Operator von einem Banachraum F in einen Banachverband E. Es sei $W := \operatorname{cv} \operatorname{so} TB_F$ die konvexe, solide Hülle ([**S2**], S.57) von TB_F. Für $1 \leq p \leq \infty$ seien $E_{W,p}$ und die kanonische Injektion $j_{W,p} : E_{W,p} \to E$ wie in Beispiel 1.6 gegeben. Der Raum $E_{W,p}$ ist ein Banachverband (vgl. [**AB5**], Thm.1.7). Nach Konstruktion von $E_{W,p}$ induziert T einen Operator $U_p : E \to E_{W,p}$, und es ist $T = j_{W,p} U_p$. Mit Beispiel 1.4 folgt $T' \ll j'_{W,p}$ und mit Aussage $(*)$ in Beispiel 1.6 und Satz 12.4 ergibt sich $j'_{W,p} \ll_o T'$.

Die nächsten Beispiele beschäftigen sich mit Operatoren, welche ordnungsabsolutstetig bezüglich einer stetigen Linearform sind. Wir widmen uns als erstes schwach kompakten Operatoren auf Räumen stetiger Funktionen (siehe dazu Beispiel 1.1 und Beispiel 1.3).

11.10 Beispiel. (*Schwach kompakte Operatoren*) Sei K ein kompakter, topologischer Raum, F ein Banachraum und $T \in \mathfrak{L}(C(K), F)$ ein Operator. Ist T schwach kompakt, so gibt es nach (1.1) eine Linearform $x' \in C(K)'_+$ mit der folgenden Eigenschaft:

> Zu jedem $\varepsilon > 0$ existiert ein $N_\varepsilon \geq 0$, so daß
> $\|Tf\| \leq N_\varepsilon < x', |f| > + \varepsilon \|f\| = N_\varepsilon \sup_{|g| \leq |f|} < x', g > + \varepsilon \|f\|$
> für alle $f \in C(K)$ gilt.

Somit ist $T \ll_o x'$. Da in $C(K)'$ Ordnungsintervalle schwach kompakt sind ([**S2**], II.9.1, II.8.3, II.5.10), folgt mit Satz 12.3 und einem Resultat von R.D.Neidinger

([**Ne2**], Lemma 3; siehe auch (17.2)), daß umgekehrt jeder zu einer (positiven) Linearform ordnungsabsolutstetige Operator auf $C(K)$ schwach kompakt ist. Damit ergibt sich die folgende Charakterisierung schwach kompakter Operatoren auf $C(K)$:

Ein Operator $T \in \mathfrak{L}(C(K), F)$ ist genau dann schwach kompakt, wenn eine (positive) Linearform $x' \in C(K)'$ mit der Eigenschaft $T \ll_o x'$ existiert.

Die Operatorenklasse in unserem nächsten Beispiel wurde von P.Meyer-Nieberg in [**MN2**] eingeführt.

11.11 Beispiel. (*L-schwach kompakte Operatoren*) Sei F ein Banachraum und E ein Banachverband. Ein Operator $T \in \mathfrak{L}(F, E)$ heißt *L-schwach kompakt*, wenn jede orthogonale Folge (x_n) in der soliden Hülle $\operatorname{so} TB_F$ von TB_F eine Norm-Nullfolge ist ([**MN2**], Def.1). Wir bezeichnen mit E_{os} das maximale Ideal in E, auf dem die Norm von E ordnungsstetig ist. Ein Operator $T \in \mathfrak{L}(F, E)$ ist genau dann L-schwach kompakt, wenn die nachstehende Aussage erfüllt ist (vgl. [**MN1**], Satz II.2).

Es gibt ein $x \in (E_{os})_+$, so daß für jedes $\varepsilon > 0$ ein $N_\varepsilon \geq 0$ existiert
mit der Eigenschaft $TB_F \subseteq N_\varepsilon[-x, x] + \varepsilon B_E$.

Hieraus ergibt sich zusammen mit (12.2) die folgende Charakterisierung L-schwach kompakter Operatoren.

Ein Operator $T \in \mathfrak{L}(F, E)$ ist genau dann L-schwach kompakt, wenn ein $x \in (E_{os})_+$ existiert, so daß $T' \ll_o x$ gilt, wobei x als Linearform auf E' aufgefaßt wird.

Zum Abschluß dieses Paragraphen beschäftigen wir uns mit einer ordnungstheoretischen Variante der absolutsummierenden Operatoren, die auf U.Schlotterbeck zurückgeht (siehe [**S2**], IV.3).

11.12 Beispiel. (*Kegel-absolutsummierende Operatoren*) Ein Operator $T \in \mathfrak{L}(E, F)$ von einem Banachverband E in einen Banachraum F heißt *Kegel-absolutsummierend*, wenn für jede positive, summierbare Folge (x_n) in E die Folge (Tx_n) absolutsummierbar in F ist (siehe [**S2**], IV.3.1). Diese Eigenschaft des Operators T ist äquivalent zur Existenz einer Linearform $x' \in E'_+$, so daß

$$(*) \qquad \|Tx\| \leq \langle x', |x| \rangle = \sup_{|y| \leq |x|} \langle x', y \rangle \quad \text{für alle } x \in E$$

gilt (siehe [**S2**], IV.3.3, II.4.2 Cor.1). Hieraus ergibt sich die Beziehung $T \ll_o x'$.

Ist $Q \in \mathfrak{L}(E, F)$ der Norm-Limes einer Folge von Kegel-absolutsummierenden Operatoren, so können wir mit Hilfe von $(*)$ leicht eine Linearform $y' \in E'_+$ konstruieren, für die $Q \ll_o y'$ gilt.

12. Eine duale Charakterisierung der Ordnungsabsolutstetigkeit

Ganz analog zu der in §2 gegebenen Charakterisierung der Absolutstetigkeit (siehe Satz 2.1) können wir die Ordnungsabsolutstetigkeit zwischen Operatoren beschreiben. Ist A eine Teilmenge eines Banachverbands E, so bezeichnet so $A := \bigcup_{x\in A}[-|x|,|x|]$ die ***solide Hülle*** von A. Die ***konvexe Hülle*** einer Menge A in einem Banachraum bezeichnen wir mit $\operatorname{cv} A$.

12.1 Satz. *Es seien E ein Banachverband, F, G und H Banachräume und $T \in \mathfrak{L}(E,F)$, $S \in \mathfrak{L}(E,G)$ und $R \in \mathfrak{L}(E,H)$ Operatoren. Die folgenden Aussagen sind äquivalent:*

a) $T \ll_o (S,R)$.

b) *Zu jedem $\varepsilon > 0$ existiert eine Zahl $N_\varepsilon \geq 0$, so daß* $T'B_{F'} \subseteq \overline{N_\varepsilon \operatorname{cv}\operatorname{so} S'B_{G'} + \varepsilon \operatorname{cv}\operatorname{so} R'B_{H'}}^{\sigma(E',E)}$ *gilt.*

Beweis. *a)* $\Rightarrow$ *b)*: Zu gegebenen $\varepsilon > 0$ wählen wir eine Zahl $N_\varepsilon \geq 0$ derart, daß $\|Tx\| \leq N_\varepsilon \sup_{|y|\leq|x|}\|Sy\| + \varepsilon \sup_{|y|\leq|x|}\|Ry\|$ ist für jedes $x \in E$. Angenommen, es gibt ein $y' \in B_{F'}$, so daß $T'y' \notin \overline{N_\varepsilon \operatorname{cv}\operatorname{so} S'B_{G'} + \varepsilon \operatorname{cv}\operatorname{so} R'B_{H'}}^{\sigma(E',E)}$ gilt. Dann existiert nach dem zweiten Trennungssatz ([S1], II.9.2) ein Element $x \in E$ mit der Eigenschaft

$$\begin{aligned}
\|Tx\| &\geq \; < Tx, y' > \; = \; < x, T'y' > \\
&> \sup\{< x, x' > : \; x' \in N_\varepsilon \operatorname{cv}\operatorname{so} S'B_{G'} + \varepsilon \operatorname{cv}\operatorname{so} R'B_{H'}\} \\
&= N_\varepsilon \sup\{< x, x' > : \; |x'| \leq |S'w'|, \; w' \in B_{G'}\} \\
&\qquad + \varepsilon \sup\{< x, x' > : \; |x'| \leq |R'z'|, \; z' \in B_{H'}\} \\
&= N_\varepsilon \sup\{< |x|, |S'w'| > : \; w' \in B_{G'}\} \\
&\qquad + \varepsilon \sup\{< |x|, |R'z'| > : \; z' \in B_{H'}\} \\
&= N_\varepsilon \sup\{< y, S'w' > : \; |y| \leq |x|, \; w' \in B_{G'}\} \\
&\qquad + \varepsilon \sup\{< y, R'z' > : \; |y| \leq |x|, \; z' \in B_{H'}\} \\
&= N_\varepsilon \sup_{|y|\leq|x|} \|Sy\| + \varepsilon \sup_{|y|\leq|x|} \|Ry\|,
\end{aligned}$$

und wir erhalten somit einen Widerspruch.

b) $\Rightarrow$ *a)*: Sei $\varepsilon > 0$. Wir wählen $N_\varepsilon \geq 0$ derart, daß

$$T'B_{F'} \subseteq \overline{N_\varepsilon \operatorname{cv}\operatorname{so} S'B_{G'} + \varepsilon \operatorname{cv}\operatorname{so} R'B_{H'}}^{\sigma(E',E)}$$

gilt. Ist $x \in E$, so erhalten wir

$$\begin{aligned}
\|Tx\| &\leq \sup\{< x, x' > : \; x' \in N_\varepsilon \operatorname{cv}\operatorname{so} S'B_{G'} + \varepsilon \operatorname{cv}\operatorname{so} R'B_{H'}\} \\
&= N_\varepsilon \sup_{|y|\leq|x|} \|Sy\| + \varepsilon \sup_{|y|\leq|x|} \|Ry\|,
\end{aligned}$$

wobei die obige Gleichheit bereits im Beweis der Implikation $a) \Rightarrow b)$ hergeleitet wurde. Damit ist der Beweis erbracht. ∎

Die Analogie der Sätze 12.1 und 2.1 ist offensichtlich. Jedoch haben wir in Aussage b) von Satz 12.1 den $\sigma(E', E)$-Abschluß der Menge $N_\varepsilon \operatorname{cv} \operatorname{so} S'B_{G'} + \varepsilon \operatorname{cv} \operatorname{so} R'B_{H'}$ zu bilden, wohingegen die Menge $N_\varepsilon S'B_{G'} + \varepsilon R'B_{H'}$ schon $\sigma(E', E)$-abgeschlossen ist. Wir werden in Beispiel 12.6 sehen, daß in der allgemeinen Situation auf die $\sigma(E', E)$-Abschließung nicht verzichtet werden kann. Dies ändert sich jedoch, wenn die Operatoren S und R positiv sind. Ausschlaggebend hierfür ist die folgende Beobachtung.

12.2 Lemma. *Es seien E und G Banachverbände und $S \in \mathfrak{L}(E, G)$ sei ein positiver Operator. Dann ist $\operatorname{so} S'B_{G'}$ konvex und $\sigma(E', E)$-abgeschlossen.*

Beweis. Wir wählen $v', w' \in \operatorname{so} S'B_{G'}$ und halten $0 < \lambda < 1$ fest. Es existieren $v'_1, w'_1 \in B_{G'} \cap G'_+$ mit der Eigenschaft $v' \in [-S'v'_1, S'v'_1]$ und $w' \in [-S'w'_1, S'w'_1]$. Setzen wir $z' := \lambda v'_1 + (1-\lambda)w'_1 \in B_{G'} \cap G'_+$, so gilt $\lambda v' + (1-\lambda)w' \in [-S'z', S'z'] \subseteq \operatorname{so} S'B_{G'}$ und somit ist $\operatorname{so} S'B_{G'}$ konvex. Es sei nun $(x'_\alpha)_{\alpha \in A}$ ein Netz in $\operatorname{so} S'B_{G'}$, welches $\sigma(E', E)$-konvergent gegen $x' \in E'$ ist. Für jedes $\alpha \in A$ wählen wir $y'_\alpha \in B_{G'} \cap G'_+$ mit der Eigenschaft $|x'_\alpha| \leq S'y'_\alpha$. Bezeichnet $y' \in B_{G'} \cap G'_+$ einen $\sigma(G', G)$-Häufungspunkt von (y'_α), so ist $S'y' - x'$ ein $\sigma(E', E)$-Häufungspunkt von $(S'y'_\alpha - x'_\alpha)$ und $S'y' + x'$ ist ein $\sigma(E', E)$-Häufungspunkt von $(S'y'_\alpha + x'_\alpha)$. Wegen $S'y'_\alpha - x'_\alpha,\ S'y'_\alpha + x'_\alpha \in E'_+$ für jedes $\alpha \in A$ folgt dann $S'y' - x' \geq 0$ und $S'y' + x' \geq 0$. Damit gilt $x' \in [-S'y', S'y'] \subseteq \operatorname{so} S'B_{G'}$ und die Behauptung ist bewiesen. ∎

Hiermit erhalten wir aus Satz 12.1 das nachstehende Resultat.

12.3 Satz. *Es seien E, G und H Banachverbände und F ein Banachraum. Weiter seien $S \in \mathfrak{L}(E, G)$ und $R \in \mathfrak{L}(E, H)$ positive Operatoren. Für $T \in \mathfrak{L}(E, F)$ sind dann die folgenden Aussagen äquivalent:*

a) *$T \ll_o (S, R)$.*

b) *Zu jedem $\varepsilon > 0$ existiert eine Zahl $N_\varepsilon \geq 0$, so daß*
$T'B_{F'} \subseteq N_\varepsilon \operatorname{so} S'B_{G'} + \varepsilon \operatorname{so} R'B_{H'}$ gilt.

Für Operatoren, deren Adjungierte zueinander ordnungsabsolutstetig sind, gilt ein zu Satz 2.3 analoges Resultat. Die Beweisführung erfolgt nach demselben Muster wie in Satz 12.1. Wir verzichten daher auf den Beweis.

12.4 Satz. *Es seien E ein Banachverband, F, G und H Banachräume und $T \in \mathfrak{L}(F, E)$, $S \in \mathfrak{L}(G, E)$ und $R \in \mathfrak{L}(H, E)$ Operatoren. Dann sind die folgenden Aussagen äquivalent:*

a) $T' \ll_o (S', R')$.

b) *Zu jedem* $\varepsilon > 0$ *existiert eine Zahl* $N_\varepsilon \geq 0$ *derart, daß* $TB_F \subseteq \overline{N_\varepsilon \operatorname{cv}\operatorname{so} SB_G + \varepsilon \operatorname{cv}\operatorname{so} RB_H}^{\sigma(E,E')}$ *gilt.*

Bemerkungen. a) Die in den Aussagen a) und b) von Satz 12.1, Satz 12.3 bzw. Satz 12.4 vorkommenden Konstanten N_ε können jeweils gleich gewählt werden.

b) Ist in den Sätzen 12.1 und 12.4 jeweils $H = E$ und $R = Id_E$, so erhalten wir die folgenden Aussagen (vgl. (2.1), (2.2), (2.3)).

(12.1) Es gilt genau dann $T \ll_o S$, wenn $T'B_{F'}$ von $\overline{\operatorname{cv}\operatorname{so} S'B_{G'}}^{\sigma(E',E)}$ fast absorbiert wird.

(12.2) Es gilt genau dann $T' \ll_o S'$, wenn TB_F von $\operatorname{cv}\operatorname{so} SB_G$ fast absorbiert wird.

Aus den Sätzen 12.1, 12.3 und 12.4 ergibt sich nun leicht das nachstehende Resultat (vgl. Satz 2.5).

12.5 Satz. *Es seien E ein Banachverband und F, G und H Banachräume. Weiter seien* $T \in \mathfrak{L}(E,F)$, $S \in \mathfrak{L}(E,G)$ *und* $R \in \mathfrak{L}(E,H)$ *Operatoren. Wir betrachten die folgenden Aussagen:*

a) $T \ll_o (S, R)$.

b) $T'' \ll_o (S'', R'')$.

Dann gilt b) ⇒ a). Sind zusätzlich G und H Banachverbände und R und S positive Operatoren, so gilt auch a) ⇒ b).

Anhand des folgenden Beispiels sehen wir, daß die Aussagen a) und b) des vorstehenden Satzes im allgemeinen nicht äquivalent sind. Das Beispiel zeigt außerdem, daß in Satz 12.1 auf den $\sigma(E', E)$–Abschluß der Menge $N_\varepsilon \operatorname{cv}\operatorname{so} S'B_{G'} + \varepsilon \operatorname{cv}\operatorname{so} R'B_{H'}$ nicht verzichtet werden kann.

12.6 Beispiel (siehe auch [MN1], Bsp.I.6). Es sei $X := c_0(L_1[0,1])$ die c_0–direkte Summe von $L_1[0,1]$. Weiter sei $E := X' = l_1(L_\infty[0,1])$. Für $n \in \mathbb{N}$ bezeichne r_n die n–te Rademacherfunktion auf $[0,1]$, d.h. es ist $r_n(t) := \operatorname{sgn}\sin(2^n \pi t)$, $t \in [0,1]$. Für $n \in \mathbb{N}$ definieren wir $(\xi_{n,m})_{m\in\mathbb{N}} = x_n \in X$ durch $\xi_{n,m} := r_n$ falls $1 \leq m \leq n$ und $\xi_{n,m} := 0$ falls $m > n$ ist. Die Folge (x_n) konvergiert schwach gegen Null, und $(|x_n|)$, aufgefaßt als Folge in $E' = X''$, ist $\sigma(E', E)$-konvergent gegen $(e, e, e, \ldots) \in l_\infty(L_1[0,1]'')$, wobei e die konstante Funktion eins in $L_1[0,1] \subseteq L_1[0,1]''$ bezeichnet. Schließlich sei noch erwähnt, daß X ordnungstetige Norm besitzt, d.h. X ist vermöge der kanonischen Einbettung ein abgeschlossenes Ideal in $X'' = E'$ ((0.7)). Wir betrachten nun die Operatoren

$$T : E \to \mathbf{R} : (\xi_n) \mapsto \sum_{n\geq 1} < \xi_n, e > \text{ und } S : E \to c_0 : x \mapsto (< x_n, x >).$$

Da $y := (e, e, e, \ldots)$ der $\sigma(E', E)$–Limes der Folge $(|x_n|)$ ist, gilt $T'B_{\mathbf{R}} = \{\lambda y : -1 \leq \lambda \leq 1\} \subseteq \overline{\text{cv so}\, S'B_{l_1}}^{\sigma(E',E)}$. Nach Satz 12.1 ist dann $T \ll_o S$. Andererseits gilt $S'B_{l_1} \subseteq X$, und da X ein Ideal in X'' ist, folgt $\text{cv so}\, S'B_{l_1} \subseteq X$. Dann existiert ein $\varepsilon > 0$, so daß $T'B_{\mathbf{R}} \not\subseteq n\,\text{cv so}\, S'B_{l_1} + \varepsilon B_{E'}$ für jedes $n \in \mathbf{N}$ gilt. Andernfalls wäre $y \in T'B_{\mathbf{R}} \subseteq n\,\text{cv so}\, S'B_{l_1} + \varepsilon B_{E'} \subseteq X + \varepsilon B_{X''}$ für jedes $\varepsilon > 0$, und hieraus würde $y \in X$ folgen, was offensichtlich nicht der Fall ist. Damit ist nach Satz 12.4 $T'' \not\ll_o S''$.

Wir wollen nun mit Hilfe der bisher erzielten Resultate ordnungsschwach kompakte Operatoren auf Banachverbänden charakterisieren. Hierfür benötigen wir noch einige Bezeichnungen und Hilfsmittel, die wir zunächst bereitstellen möchten.

Im folgenden bezeichne E einen Banachverband und F einen Banachraum.

(12.3) Ein Operator $T \in \mathfrak{L}(E, F)$ heißt *ordnungsschwach kompakt*, wenn T Ordnungsintervalle in E in relativ $\sigma(F, F')$-kompakte Mengen abbildet.

Wir nennen einen Operator zwischen Banachverbänden *intervallerhaltend*, wenn er positiv ist und Ordnungsintervalle auf Ordnungsintervalle abbildet.

Für $x \in E_+$ bezeichnen wir mit $E_x := \bigcup_{n\geq 1} n[-x, x]$ das von x in E erzeugte Ideal, versehen mit dem Eichfunktional von $[-x, x]$ als Norm. Es gilt die folgende Aussage (siehe [**S2**], II.7.2 Cor.).

(12.4) Der Raum E_x ist ein AM-Raum mit Einheit x, und die kanonische Injektion $i_x : E_x \to E$ ist ein intervallerhaltender Verbandshomomorphismus.

Aus (12.3) ergibt sich sofort die nachstehende Äquivalenz.

(12.5) Ein Operator $T \in \mathfrak{L}(E, F)$ ist genau dann ordnungsschwach kompakt, wenn $Ti_x : E_x \to F$ für jedes $x \in E_+$ schwach kompakt ist.

In unserem nächsten Satz charakterisieren wir Operatoren, welche ein vorgegebenes Ordnungsintervall in eine relativ schwach kompakte Menge abbilden. Ein nützliches Hilfsmittel im Beweis des Satzes ist das nachstehende Lemma.

12.7 Lemma. *Sei E ein Banachverband und es seien $x', y' \in E'_+$. Liegt y' in dem von x' in E' erzeugten abgeschlossenen Ideal, d.h. $y' \in \overline{\bigcup_{n\geq 1} n[-x', x']}$, dann gilt $y' \ll_o x'$.*

Beweis. Die Voraussetzung impliziert, daß zu jedem $\varepsilon > 0$ ein $N_\varepsilon \geq 0$ existiert mit der Eigenschaft

$$(*) \qquad y' \in N_\varepsilon[-x', x'] + \varepsilon B_{E'}.$$

Für eine Linearform $z' \in E'$ gilt $(z')' B_{\mathbf{R}} = \{\lambda z' : -1 \leq \lambda \leq 1\}$ und $\operatorname{cv so}((z')' B_{\mathbf{R}}) = [-|z'|, |z'|]$. Damit ergibt sich aus $(*)$ die Beziehung

$$(y')' B_{\mathbf{R}} \subseteq N_\varepsilon \operatorname{cv so}((x')' B_{\mathbf{R}}) + \varepsilon B_{E'},$$

und somit gilt nach Satz 12.1 die Aussage $y' \ll_o x'$. ∎

Bemerkung. Mit genau denselben Argumenten zeigt man, daß für Linearformen $x', y' \in E'$ genau dann $y' \ll_o x'$ gilt, wenn $|y'|$ in dem von $|x'|$ in E' erzeugten abgeschlossenen Ideal liegt.

Unter Verwendung der Bezeichnungen aus (12.4) gilt nun der folgende Satz.

12.8 Satz. *Es seien E ein Banachverband, F ein Banachraum, $T \in \mathfrak{L}(E, F)$ und $x \in E_+$. Die folgenden Aussagen sind äquivalent:*

a) *Der Operator T bildet das Intervall $[-x, x]$ in eine relativ $\sigma(F, F')$-kompakte Menge ab.*

b) *Es existiert eine Linearform $x' \in E'_+$, so daß $Ti_x \ll_o i'_x x'$ gilt.*

Beweis. *a)* $\Rightarrow$ *b)* : Aus der Voraussetzung erhalten wir mit (12.5), daß $Ti_x : E_x \to F$ schwach kompakt ist. Nach dem Kakutanischen Darstellungssatz (siehe [**S2**], II.7.4) können wir E_x mit einem Raum stetiger, reellwertiger Funktionen auf einer kompakten Menge K identifizieren (man beachte dazu (12.4)). Dann existiert nach Beispiel 11.10 eine Linearform $z' \in (E'_x)_+$, so daß $Ti_x \ll_o z'$ gilt. Nach Satz 12.1 gibt es zu jedem $\varepsilon > 0$ ein $N_\varepsilon \geq 0$ mit der Eigenschaft

$$(*) \qquad i'_x T' B_{F'} \subseteq \overline{N_\varepsilon \operatorname{cv so}((z')' B_{\mathbf{R}}) + \varepsilon B_{E'_x}}^{\sigma(E'_x, E_x)} = N_\varepsilon[-z', z'] + \varepsilon B_{E'_x}$$

Die Adjungierte des Verbandshomomorphismus i_x ist intervallerhaltend (siehe [**AB6**], 7.8). Daher ist $i'_x E'$ ein Ideal in E'_x, und da E'_x ordnungsstetige Norm besitzt (siehe [**S2**], II.8.3), gibt es eine Bandprojektion P von E'_x auf das abgeschlossene Ideal

$\overline{i'_x E'} \subseteq E'_x$ ([**S2**], II.5.14, II.2.10). Setzen wir $y' := Pz'$, dann existiert nach $(*)$ zu jedem $\varepsilon > 0$ ein $N_\varepsilon \geq 0$, so daß

$$(**) \qquad i'_x T' B_{F'} \subseteq N_\varepsilon[-y', y'] + \varepsilon B_{E'_x}$$

gilt. Damit ergibt sich $Ti_x \ll_o y'$ (Satz 12.1). Nun liegt y' im Normabschluß des Ideals $i'_x E' \subseteq E'_x$ und i'_x ist intervallerhaltend. Mit einer einfachen Überlegung folgt die Existenz von $x' \in E'_+$, so daß y' in dem von $i'_x x'$ in E'_x erzeugten abgeschlossenen Ideal liegt. Nach Lemma 12.7 gilt $y' \ll_o i'_x x'$, und wegen $Ti_x \ll_o y'$ erhalten wir schließlich $Ti_x \ll_o i'_x x'$ (siehe (11.7)).

b) $\Rightarrow$ *a)* : Nach Voraussetzung existiert ein $z' \in (E'_x)_+$, so daß $Ti_x \ll_o z'$ gilt. Wegen Satz 12.1 gibt es zu jedem $\varepsilon > 0$ ein $N_\varepsilon \geq 0$ mit der Eigenschaft

$$(Ti_x)' B_{F'} \subseteq \overline{N_\varepsilon \operatorname{cv} \operatorname{so}((z')' B_{\mathbf{R}}) + \varepsilon B_{E'_x}}^{\sigma(E'_x, E_x)} = N_\varepsilon[-z', z'] + \varepsilon B_{E'_x},$$

d.h. $(Ti_x)' B_{F'}$ wird von $[-z', z']$ fast absorbiert ((2.1)). Nun ist E'_x ein AL-Raum (siehe (12.4), [**S2**], II.9.1) und daher ist $[-z', z']$ schwach kompakt ([**S2**], II.8.3, II.5.10). Da $(Ti_x)' B_{F'}$ von der schwach kompakten Menge $[-z', z']$ fast absorbiert wird, ist auch $(Ti_x)' B_{F'}$ schwach kompakt (siehe [**Ne2**], Lemma3). Somit ist Ti_x ein schwach kompakter Operator und hieraus folgt, daß $T[-x, x] = Ti_x B_{E_x}$ relativ schwach kompakt ist. ∎

Als Folgerung aus dem obigen Satz erhalten wir eine Charakterisierung ordnungsschwach kompakter Operatoren.

12.9 Korollar. *Es seien E ein Banachverband, F ein Banachraum und $T \in \mathfrak{L}(E, F)$. Die nachstehenden Aussagen sind äquivalent:*

a) *Der Operator T ist ordnungsschwach kompakt.*
b) *Zu jedem $x \in E_+$ existiert ein $x' \in E'_+$, so daß $Ti_x \ll_o i'_x x'$ gilt.*

Für einen Banachverband E heißt $u \in E_+$ *quasi-innerer Punkt von* E_+, wenn das von u in E erzeugte Ideal dicht in E ist. Falls ein Banachverband einen quasi-inneren Punkt enthält, lassen sich ordnungsschwach kompakte Operatoren besonders einfach beschreiben.

12.10 Korollar. *Sei E ein Banachverband mit quasi-innerem Punkt $u \in E_+$. Weiter sei F ein Banachraum und $T \in \mathfrak{L}(E, F)$. Die folgenden Aussagen sind äquivalent:*

a) *Der Operator T ist ordnungsschwach kompakt.*
b) *Es existiert ein $x' \in E'_+$, so daß für alle $x \in E_+$ die Beziehung $Ti_x \ll_o i'_x x'$ gilt.*
c) *Es existiert ein $x' \in E'_+$, so daß $Ti_u \ll_o i'_u x'$ gilt.*

Beweis. Die Implikation $a) \Rightarrow b)$ gilt nach Korollar 12.9. Der Schluß von b) nach c) ist trivial.

$c) \Rightarrow a)$: Die Voraussetzung impliziert, daß $T[-u,u]$ relativ schwach kompakt ist (Satz 12.8). Sei nun $x \in E_+$. Da u quasi-innerer Punkt von E_+ ist, konvergiert die Folge $(x \wedge nu)$ in der Norm gegen x ([**S2**], II.6.3). Hieraus folgt, daß $[-x,x]$ von $[-u,u]$ fast absorbiert wird, d.h. zu jedem $\varepsilon > 0$ existiert ein $N_\varepsilon \geq 0$, so daß $[-x,x] \subseteq N_\varepsilon[-u,u]+\varepsilon B_E$ gilt. Dann wird $T[-x,x]$ von $T[-u,u]$ fast absorbiert, und da $T[-u,u]$ relativ schwach kompakt ist, ergibt sich die relativ schwache Kompaktheit von $T[-x,x]$ (siehe [**Ne**], Lemma 3). Somit ist T ordnungsschwach kompakt. ∎

Als eine weitere Folgerung erhalten wir ein Resultat von C.P.Niculescu ([**Ni3**], Thm.2.1; siehe auch [**MN3**], 10.15). Für einen Banachverband E bezeichne I_E das von E in E'' erzeugte Ideal.

12.11 Korollar. *Sei E ein Banachverband mit quasi-innerem Punkt $u \in E_+$. Weiter sei F ein Banachraum und $T \in \mathfrak{L}(E,F)$. Die folgenden Aussagen sind äquivalent:*

a) *Der Operator T ist ordnungsschwach kompakt.*

b) *Es existiert eine Linearform $x' \in E'_+$, so daß jede ordnungsbeschränkte Folge (x_n) in E mit der Eigenschaft $\lim_n < |x_n|, x' > = 0$ die Bedingung $\lim_n \|Tx_n\| = 0$ erfüllt.*

c) *Es existiert eine Linearform $x' \in E'_+$, so daß jede ordnungsbeschränkte Folge (x_n) in I_E mit der Eigenschaft $\lim_n < |x_n|, x' > = 0$ die Bedingung $\lim_n \|T''x_n\| = 0$ erfüllt.*

Beweis. $a) \Rightarrow c)$: Nach Voraussetzung existiert ein $x' \in E'_+$, so daß $Ti_x \ll_o i'_x x'$ für alle $x \in E_+$ gilt (Korollar 12.10). Fassen wir $i'_x x'$ als stetige Linearform auf E''_x auf, dann erhalten wir mit Satz 12.5 für jedes $x \in E_+$ die Beziehung $(Ti_x)'' \ll_o i'_x x'$.
Wir halten $x \in E_+$ fest. Sei (x_n) eine Folge in $[-x,x]_{E''}$ mit der Eigenschaft $\lim_n < |x_n|, x' > = 0$. Mit i_x ist auch die Biadjungierte $i''_x : E''_x \to E''$ ein intervallerhaltender Verbandshomomorphismus (siehe (12.4), [**AB6**], 7.7, 7.8). Daher existieren Elemente $z_n \in B_{E''_x}$, $n \in \mathbb{N}$, so daß $i''_x z_n = x_n$ ist.
Sei nun $\varepsilon > 0$. Wegen $(Ti_x)'' \ll_o i'_x x'$ gibt es ein $N_\varepsilon \geq 0$, so daß für jedes $n \in \mathbb{N}$

$$\begin{aligned} \|Tx_n\| &= \|(Ti_x)''z_n\| \leq N_\varepsilon \sup_{|y|\leq|z_n|} < y, i'_x x' > + \varepsilon\|z_n\|_{E''_x} \\ &\leq N_\varepsilon < |z_n|, i'_x x' > + \varepsilon = N_\varepsilon < i''_x|z_n|, x' > + \varepsilon \\ &= N_\varepsilon < |x_n|, x' > + \varepsilon \end{aligned}$$

gilt. Wegen $\lim_n < |x_n|, x' > = 0$ ergibt sich hiermit $\lim_n \|Tx_n\| = 0$, was zu zeigen war.

Die Implikation $c) \Rightarrow b)$ gilt offensichtlich.

$b) \Rightarrow a)$: Ordnungsbeschränkte, orthogonale Folgen in E sind stets schwache Nullfolgen. Somit gilt wegen der Voraussetzung $\lim_n \|Tx_n\| = 0$ für jede ordnungsbeschränkte, orthogonale Folge (x_n) in E. Hieraus ergibt sich nach einem Resultat von P.G.Dodds ([Do], Thm.4.2), daß T ordnungsschwach kompakt ist. ∎

13. Die Räume OAC und OAC^r

Es seien E ein Banachverband und F, G und H Banachräume. Analog zu (3.1) definieren wir für Operatoren $S \in \mathfrak{L}(E,G)$ und $R \in \mathfrak{L}(E,H)$

$$OAC(S,R;F) := \{T \in \mathfrak{L}(E,F) : T \ll_o (S,R)\}. \tag{13.1}$$

Ist $H = E$ und $R = Id_E$, so schreiben wir $OAC(S;F)$ anstelle von $OAC(S,R;F)$.

Wir stellen zunächst einen Zusammenhang zwischen der Ordnungsabsolutstetigkeit und der Absolutstetigkeit von Operatoren her. Es sei S ein Operator von einem Banachverband E in einen Banachraum G. Dann ist $Z := \{x \in E : \sup_{|y|\leq|x|} \|Sy\| = 0\}$ ein abgeschlossenes Ideal in E. Ist $q : E \to E/Z$ die Quotientenabbildung, so wird durch $\|qx\|_S := \sup_{|y|\leq|x|} \|Sy\|$ eine Verbandsnorm $\|.\|_S$ auf E/Z definiert. In Anlehnung an [**S2**], II.8, Example 1, führen wir die folgende Bezeichnungsweise ein (vgl. Beispiel 11.8).

(13.2) Sei (E,S) die Vervollständigung von $(E/Z, \|.\|_S)$, und $j_S \in \mathfrak{L}(E,(E,S))$ sei der von der Quotientenabbildung $q : E \to E/Z$ induzierte Verbandshomomorphismus.

Ist S eine Linearform, so ist (E,S) ein AL-Raum ([**S2**], II.8.Example 1). Aus der Definition des Raums (E,S) und des Operators j_S folgt (vgl. Beispiel 11.8)

(13.3) $\|j_S x\|_{(E,S)} = \sup_{|y|\leq|x|} \|Sy\|$ für jedes $x \in E$ und $(j_S)' B_{(E,S)'} = \overline{\text{cv so } S' B_{G'}}^{\sigma(E',E)}$. Insbesondere gilt $j_S \ll_o S$ und $S \ll j_S$.

Hieraus erhalten wir mit den Bezeichnungen aus (13.2) das nachstehende Resultat.

13.1 Satz. *Es seien E ein Banachverband und F, G und H Banachräume. Für Operatoren $S \in \mathfrak{L}(E,G)$ und $R \in \mathfrak{L}(E,H)$ gilt dann*

$$OAC(S,R;F) = AC(j_S, j_R; F) = OAC(j_S, j_R; F).$$

Dieser Zusammenhang gestattet es, die für absolutstetige Operatoren erzielten Resultate auch im Fall der Ordnungsabsolutstetigkeit anzuwenden. Zum Beispiel können wir so eine Abgeschlossenheitseigenschaft für $OAC(S,R;F)$ nachweisen. Ist nämlich R ein Operator von einem Banachverband E in einen Banachraum H und ist $j_R : E \to (E,R)$ wie in (13.2) gegeben, dann gilt

$$\begin{aligned} j_R^{-1}(B_{(E,R)}) &= \{x \in E : |<x,x'>| \leq 1 \text{ für alle } x' \in \text{cv so } R'B_{H'}\} \\ &= (\text{cv so } R'B_{H'})^\circ \end{aligned}$$

(dabei sei $A^\circ := \{x \in E : |<x,x'>| \leq 1 \text{ für alle } x' \in A\}$ für $A \subseteq E'$). Auf dem Raum $\mathfrak{L}(E,F)$ der Operatoren von E in einen Banachraum F betrachten wir

(13.4) die Topologie $|\mathfrak{T}_R|$ der gleichmäßigen Konvergenz auf $(\text{cv so } R'B_{H'})^\circ$.

Ist $H = E$ und $R = Id_E$, so ist $|\mathfrak{T}_R|$ gerade die durch die Operatornorm induzierte Topologie.

Aus Lemma 3.1 erhalten wir nun die folgende Aussage.

13.2 Satz. *Es seien E ein Banachverband und F, G und H Banachräume. Weiter seien $S \in \mathfrak{L}(E,G)$ und $R \in \mathfrak{L}(E,H)$ Operatoren. Dann ist $OAC(S,R;F)$ ein abgeschlossener Teilraum von $(\mathfrak{L}(E,F), |\mathfrak{T}_R|)$.*

Weiter ergibt sich mit Korollar 3.3 die nachstehende Charakterisierung von Operatoren T mit der Eigenschaft $T \ll_o (S,R)$.

13.3 Satz. *Es seien E ein Banachverband, F, G und H Banachräume und i ein Isomorphismus von F in einen injektiven Banachraum X. Weiter seien $T \in \mathfrak{L}(E,F)$, $S \in \mathfrak{L}(E,G)$ und $R \in \mathfrak{L}(E,H)$ Operatoren. Es gilt genau dann $T \ll_o (S,R)$, wenn eine Folge (Q_n) in $\mathfrak{L}((E,S),X)$ existiert, so daß $(Q_n j_S)$ $|\mathfrak{T}_R|$-konvergent gegen iT ist.*

Mit Hilfe dieses Resultats werden wir im nächsten Paragraphen mehrere Aussagen zum Erblichkeitsverhalten ordnungsabsolutstetiger Operatoren herleiten (siehe Theorem 14.3).

Als nächstes möchten wir andere eine Darstellung des Raums $OAC(S,R;F)$ geben. Im Gegensatz zu Satz 13.1 sind hier einschränkende Bedingungen an die betrachteten Räume und Operatoren erforderlich.

13.4 Satz. *Es seien E, F, G und H Banachverbände. Weiter seien $S \in \mathfrak{L}(E,G)$ und $R \in \mathfrak{L}(E,H)$ positive Operatoren. Ist F ein ordnungsvollständiger AM-Raum mit Einheit, dann gilt*

$$OAC(S,R;F) = \overline{\bigcup_{0 \leq Q \in \mathfrak{L}(G,F)} [-QS, QS]}^{|\mathcal{T}_R|}.$$

Beweis. Es sei zunächst $0 \leq Q \in \mathfrak{L}(G,F)$. Dann ist $0 \leq QS \in AC(S,R;F) \subseteq OAC(S,R;F)$ ((1.9), Beispiel 11.4) und somit gilt $[-QS,QS] \subseteq OAC(S,R;F)$ (Beispiel 11.5). Mit Satz 13.2 ergibt sich dann die Inklusion

$$\overline{\bigcup_{0 \leq Q \in \mathfrak{L}(G,F)} [-QS, QS]}^{|\mathcal{T}_R|} \subseteq OAC(S,R;F).$$

Für den Beweis der umgekehrten Inklusion sei $T \in OAC(S,R;F)$. Wir betrachten zuerst den Fall $F = l^\Gamma_\infty$. Wir halten $\varepsilon > 0$ fest und wählen $N_\varepsilon \geq 0$ mit der Eigenschaft

$$T'B_{F'} \subseteq N_\varepsilon \,\mathrm{so}\, S'B_{G'} + \varepsilon \,\mathrm{so}\, R'B_{H'}$$

(Satz 12.3). Mit (e_γ) bezeichnen wir die Familie der kanonischen Einheitsvektoren in $l^\Gamma_1 \subseteq (l^\Gamma_\infty)'$. Für jedes $\gamma \in \Gamma$ existiert ein $x'_\gamma \in N_\varepsilon B_{G'} \cap G'_+$ derart, daß

$$T'e_\gamma \in [-S'x'_\gamma, S'x'_\gamma] + \varepsilon \,\mathrm{so}\, R'B_{H'}$$

gilt. Nun wählen wir $y'_\gamma \in [-S'x'_\gamma, S'x'_\gamma]$ und $z'_\gamma \in \varepsilon \,\mathrm{so}\, R'B_{H'}$, so daß $T'e_\gamma = y'_\gamma + z'_\gamma$ ist. Wir definieren

$$Q : G \to F : x \mapsto (< x'_\gamma, x >)_{\gamma \in \Gamma} \text{ und } T_\varepsilon : E \to F : y \mapsto (< y'_\gamma, y >)_{\gamma \in \Gamma}.$$

Für $x \in (\mathrm{so}\, R'B_{H'})^\circ = (\mathrm{cv}\, \mathrm{so}\, R'B_{H'})^\circ$ (siehe Lemma 12.2) gilt dann

$$\begin{aligned} \|Tx - T_\varepsilon x\| &= \sup\{< Tx - T_\varepsilon x, x' > : \ (\xi_\gamma) = x' \in B_{l^\Gamma_1}\} \\ &= \sup\{< x, \sum_\gamma \xi_\gamma(T'e_\gamma - T'_\varepsilon e_\gamma) > : \ (\xi_\gamma) \in B_{l^\Gamma_1}\} \\ &= \sup\{< x, \sum_\gamma \xi_\gamma z'_\gamma > : \ (\xi_\gamma) \in B_{l^\Gamma_1}\} \\ &< \varepsilon. \end{aligned}$$

Andererseits ist

$$-S'Q'x' \leq T'_\varepsilon x' \leq S'Q'x'$$

für jedes $x' \in (l^\Gamma_1)_+$. Wegen der $\sigma((l^\Gamma_\infty)', l^\Gamma_\infty)$-Dichtheit von $(l^\Gamma_1)_+$ in $(l^\Gamma_\infty)'_+$ folgt $-S'Q' \leq T'_\varepsilon \leq S'Q'$, und somit gilt $T_\varepsilon \in [-QS, QS]$. Damit ist die Behauptung für $F = l^\Gamma_\infty$ bewiesen.

Der allgemeine Fall ergibt sich aus dem Vorherigen, da jeder ordnungsvollständige AM-Raum F mit Einheit ein abgeschlossener Unterverband eines Raums l_∞^Γ für eine passende Indexmenge Γ ist und eine positive Projektion von l_∞^Γ auf F existiert ([**S2**], II.7.Cor.2). ∎

Bemerkungen. a) Der Beweis des Satzes zeigt, daß unabhängig vom Raum F für positive Operatoren S und R stets

$$\overline{\bigcup_{0\le Q\in\mathfrak{L}(G,F)} [-QS, QS]}^{|\mathcal{T}_R|} \subseteq OAC(S, R; F)$$

gilt.

b) Die Voraussetzungen des Satzes lassen sich nicht wesentlich abschwächen. Ist nämlich F ein unendlichdimensionaler Banachverband und gilt für beliebige Banachverbände E und G und jeden positiven Operator $S \in \mathfrak{L}(E, G)$ die Gleichheit

$$(*) \qquad OAC(S, R; F) = \overline{\bigcup_{0\le Q\in\mathfrak{L}(G,F)} [-QS, QS]} \, ,$$

dann ist F verbandsisomorph zu einem nicht-separablen AM-Raum mit Einheit: Für $\Gamma := B_F$ betrachten wir die Operatoren

$$T : l_1^\Gamma \to F : (\xi_\gamma) \mapsto \sum_\gamma \xi_\gamma \gamma \;\text{ und }\; S : l_1^\Gamma \to \mathbf{R} : (\xi_\gamma) \mapsto \sum_\gamma \xi_\gamma .$$

Es gilt $T \ll_o S$. Also existiert zu $\varepsilon \in (0,1)$ ein positiver Operator $Q_\varepsilon : \mathbf{R} \to F$ und ein Operator $T_\varepsilon \in [-Q_\varepsilon S, Q_\varepsilon S]$, so daß $\|T - T_\varepsilon\| < \varepsilon$ gilt. Da $Q_\varepsilon S$ vom Rang eins ist, existiert ein $x_\varepsilon \in F_+$ mit der Eigenschaft $B_F \subseteq SB_{l_1^\Gamma} \subseteq [-x_\varepsilon, x_\varepsilon] + \varepsilon B_F$. Nach Lemma E.2 in [**Rä1**] ist dann x_ε eine Ordnungseinheit und F ist verbandsisomorph zu einem AM-Raum mit Einheit.

Betrachten wir die Identität Id_F auf F und die kanonische Einbettung $i_F : F \to F''$, so gilt $Id_F \ll_o i_F$. Angenommen, F ist separabel. Mit einem Resultat von A.Grothendieck (siehe [**S2**], II.10.4 Cor.1) folgt, daß jeder Operator von F'' nach F schwach kompakt ist. Da F' ordnungsstetige Norm besitzt, ist jeder positive, schwach kompakt majorisierte Operator selbst schwach kompakt ([**W**], Thm.2.2; siehe auch Satz 17.1). Wegen der Voraussetzung gilt dann $OAC(i_F; F) \subseteq \mathfrak{W}(F)$. Insbesondere ist Id_F schwach kompakt. Hieraus folgt, daß F endlichdimensional ist ([**S2**], II.9.9, Cor.2), und wir erhalten einen Widerspruch.

Es ist ungeklärt, ob $(*)$ bereits impliziert, daß F verbandsisomorph zu einem ordnungsvollständigen AM-Raum mit Einheit ist.

Bekanntlich ist jeder Banachraum F isometrisch isomorph zu einem Teilraum eines ordnungsvollständigen AM-Raums mit Einheit (z.B. $l_\infty^{B_{F'}}$). Sind S und R positive Operatoren, so erhalten wir aus Satz 13.4 die folgende Charakterisierung von Operatoren T mit der Eigenschaft $T \ll_o (S,R)$ (vgl. Korollar 3.3, Satz 13.3).

13.5 Korollar. *Es seien $S \in \mathfrak{L}(E,G)$ und $R \in \mathfrak{L}(E,H)$ positive Operatoren zwischen Banachverbänden E, G und H. Weiter sei F ein Banachraum und i ein Isomorphismus von F in einen ordnungsvollständigen AM-Raum X mit Einheit. Ein Operator $T \in \mathfrak{L}(E,F)$ ist genau dann in $OAC(S,R;F)$ enthalten, wenn eine $|\mathfrak{T}_R|$-konvergente Folge (T_n) in $\bigcup_{0\leq Q\in\mathfrak{L}(G,X)}[-QS,QS]$ existiert, welche iT als Grenzwert hat.*

Zum Abschluß dieses Paragraphen beschäftigen wir uns mit der Frage, wann die regulären, zu einem Paar (S,R) ordnungsabsolutstetigen Operatoren ein Verbandsideal im Raum der regulären Operatoren bilden. Wir erinnern, daß ein Operator T zwischen Banachverbänden E und F *regulär* heißt, wenn T die Differenz von positiven Operatoren $T_1, T_2 \in \mathfrak{L}(E,F)$ ist. Mit $\mathfrak{L}^r(E,F)$ bezeichnen wir die Menge der regulären Operatoren von E nach F. Ist F ordnungsvollständig, dann ist $\mathfrak{L}^r(E,F)$ mit der kanonischen Ordnung ein ordnungsvollständiger Vektorverband (siehe (0.5), (0.6)).

Seien E und F Banachverbände, G und H Banachräume und $S \in \mathfrak{L}(E,G)$ und $R \in \mathfrak{L}(E,H)$ Operatoren. Wir definieren

$$(13.5) \qquad OAC^r(S,R;F) := OAC(S,R;F) \cap \mathfrak{L}^r(E,F).$$

Damit $OAC^r(S,R;F)$ (für einen ordnungsvollständigen Banachverband F) ein Verbandsideal in $\mathfrak{L}^r(E,F)$ ist, müssen wir nachweisen, daß für jeden Operator $T \in OAC^r(S,R;F)$ der Absolutbetrag $|T|$ in $OAC(S,R;F)$ liegt, und daß für jeden positiven Operator $T \in OAC(S,R;F)$ das Ordnungsintervall $[-T,T]$ in $OAC(S,R;F)$ enthalten ist. Die zweite Bedingung ist wegen Beispiel 11.5 und (11.7) stets erfüllt. Wir können somit die folgende Aussage festhalten.

(13.6) Für jeden positiven Operator $T \in OAC(S,R;F)$ gilt $[-T,T] \subseteq OAC(S,R;F)$.

Die nachstehenden Beispiele zeigen, daß der Betrag eines Operators $T \in OAC^r(S,R;F)$ im allgemeinen nicht wieder in $OAC(S,R;F)$ zu liegen braucht.

13.6 Beispiele. a) Nach einem Resultat von U.Krengel (siehe [**S2**], IV.1, Example 2; siehe auch Beispiel 11.6) existiert auf $E := c_0(l_2^{2^n})$ ein kompakter, regulärer Operator

S mit nicht-kompaktem Absolutbetrag. Dann gilt $S \ll_o S$ ((11.5)), der Operator $|S|$ ist aber nicht ordnungsabsolutstetig bezüglich S (siehe Satz 18.1).

b) G.Groenewegen und A.van Rooij ([**GR**], §3) haben einen ordnungsvollständigen AM-Raum F und einen regulären, schwach kompakten Operator $S : C[0,1] \to F$ konstruiert derart, daß $|S|$ nicht schwach kompakt ist. Für diesen Operator gilt $S \ll_o S$ und $|S| \not\ll_o S$ (siehe Satz 17.1).

Eine Situation wie in Beispiel 13.6 b) kann nicht auftreten, wenn wir zusätzlich verlangen, daß die Norm von F eine schwache Fatou-Norm ist. Wir erinnern, daß die Norm $\|.\|_F$ eines Banachverbands F eine *schwache Fatou-Norm* ist, wenn eine nur von F abhängige Konstante $c \geq 0$ existiert derart, daß für jedes monoton wachsende Netz (x_γ) in F_+ mit Supremum $x \in F$ die Ungleichung $\|x\|_F \leq c \sup_\gamma \|x_\gamma\|_F$ gilt. Jedes abgeschlossene Ideal eines AM-Raums mit Einheit besitzt eine schwache Fatou-Norm.

13.7 Satz. *Es seien E ein Banachverband, G und H Banachräume und $S \in \mathfrak{L}(E,G)$ und $R \in \mathfrak{L}(E,H)$ Operatoren. Ist F ein ordnungsvollständiger AM-Raum mit einer schwachen Fatou-Norm, dann ist $OAC^{\mathrm{r}}(S,R;F)$ ein Verbandsideal in $\mathfrak{L}^{\mathrm{r}}(E,F)$.*

Beweis. Wegen (13.6) genügt es zu zeigen, daß für $T \in OAC^{\mathrm{r}}(S,R;F)$ auch $|T| \in OAC^{\mathrm{r}}(S,R;F)$ gilt. Es sei also $T \in OAC^{\mathrm{r}}(S,R;F)$. Bei festgehaltenem $\varepsilon > 0$ wählen wir $N_\varepsilon \geq 0$ mit der Eigenschaft

$$\|Tx\| \leq N_\varepsilon \sup_{|y|\leq|x|} \|Sy\| + \varepsilon \sup_{|y|\leq|x|} \|Ry\|$$

für alle $x \in E$. Für $z \in E_+$ ergibt sich hieraus

$$(*) \qquad \sup_{|y|\leq z} \|Ty\| \leq N_\varepsilon \sup_{|y|\leq z} \|Sy\| + \varepsilon \sup_{|y|\leq z} \|Ry\|.$$

Nun ist $\sup_{|y|\leq z} |Ty| = |T|z$ ((0.5)). Da F ein AM-Raum mit einer schwachen Fatou-Norm ist, existiert eine nur von F abhängige Konstante $c \geq 0$, so daß

$$(**) \qquad \||T|z\| \;=\; \|\sup_{|y|\leq z} Ty\| \;\leq\; c \sup_{|y|\leq z} \|Ty\|$$

gilt. Aus $(*)$ und $(**)$ erhalten wir

$$\||T|z\| \leq cN_\varepsilon \sup_{|y|\leq z} \|Sy\| + c\varepsilon \sup_{|y|\leq z} \|Ry\|$$

für jedes $z \in E_+$. Wegen $\||T|x\| \leq \||T||x|\|$ folgt schließlich

$$\||T|x\| \leq cN_\varepsilon \sup_{|y|\leq|x|} \|Sy\| + c\varepsilon \sup_{|y|\leq|x|} \|Ry\|$$

für jedes $x \in E$. Somit gilt $|T| \ll_o (S,R)$ und die Behauptung ist bewiesen. ∎

Es seien E ein Banachverband, F, G und H Banachräume und $S \in \mathfrak{L}(G,E)$ und $R \in \mathfrak{L}(H,E)$ Operatoren. Wir definieren

$$(13.7) \qquad OAC^{\mathrm{dual}}(S,R;F) := \{T \in \mathfrak{L}(F,E) : T' \ll_o (S',R')\}$$

und, falls F ein Banachverband ist,

$$(13.8) \qquad OAC^{\mathrm{dual,r}}(S,R;F) := OAC^{\mathrm{dual}}(S,R;F) \cap \mathfrak{L}^{\mathrm{r}}(F,E).$$

Aus Satz 13.7 erhalten wir das nachstehende Ergebnis.

13.8 Korollar. *Sei F ein AL-Raum und E ein Banachverband mit ordnungsstetiger Norm. Weiter seien G und H Banachräume und $S \in \mathfrak{L}(G,E)$ und $R \in \mathfrak{L}(H,E)$ Operatoren. Dann ist $OAC^{\mathrm{dual,r}}(S,R;F)$ ein Verbandsideal in $\mathfrak{L}^{\mathrm{r}}(F,E)$.*

Beweis. Mit (13.6) folgt, daß für jeden positiven Operator $T \in OAC^{\mathrm{dual}}(S,R;F)$ das Intervall $[-T,T]$ in $OAC^{\mathrm{dual,r}}(S,R;F)$ enthalten ist. Der Dualraum von F ist ein ordnungsvollständiger AM-Raum mit Einheit ([**S2**], II.9.1). Für einen Operator $T \in OAC^{\mathrm{dual,r}}(S,R;F)$ gilt dann nach Satz 13.7 $|T'| \ll_o (S',R')$. Da E ordnungsstetige Norm besitzt, haben wir $|T'| = |T|'$ (siehe [**AB6**], 5.11), und somit gilt $|T| \in OAC^{\mathrm{dual,r}}(S,R;F)$. ∎

14. Das Erblichkeitsverhalten ordnungsabsolutstetiger Operatoren

In diesem Abschnitt wollen wir die Vererbbarkeit von Eigenschaften des Operators S auf Operatoren $T \in OAC(S;F)$ untersuchen (siehe auch Kapitel IV). Das nachstehende Beispiel zeigt, daß wir keine zu §4 analogen Ergebnisse erwarten können.

14.1 Beispiel. Wir betrachten auf $L_1[0,1]$ den Operator $S := e \otimes e$ vom Rang eins, definiert durch $Sf := (\int_0^1 f(t)\,dt)e$, $f \in L_1[0,1]$, wobei e die konstante Funktion eins ist. Mit den Bezeichnungen aus (13.2) erhalten wir $(E,S) = L_1[0,1]$ und $j_S = Id$. Nach Definition von j_S gilt $j_S \ll_o S$ ((13.3)). Als Operator vom Rang eins gehört S jedem Operatorenideal an, insbesondere den in §4 erwähnten abgeschlossenen, injektiven Operatorenidealen $\mathfrak{K}$, $\mathfrak{W}$, $\mathfrak{V}$, $\mathfrak{Ro}$, $\mathfrak{S}$, $\mathfrak{BS}$, $\mathfrak{Y}$, $\mathfrak{Q}$, $\mathfrak{UC}$. Der Operator j_S liegt jedoch in keinem der genannten Ideale.

Erste positive Ergebnisse zum Erblichkeitsverhalten ordnungsabsolutstetiger Operatoren erhalten wir für

M-schwach kompakte, c_0-singuläre und ordnungsschwach kompakte Operatoren:

Der Operator j_S aus Beispiel 14.1 ist c_0-singulär. Dies ergibt sich zum Beispiel aus der Tatsache, daß $L_1[0,1]$ keinen zu c_0 isomorphen Teilraum enthält. Wir werden gleich sehen, daß j_S noch unter sehr viel allgemeineren Bedingungen c_0-singulär ist.

Zunächst wollen wir jedoch einige Bezeichnungen und Hilfsmittel bereitstellen. Es seien E ein Banachverband, F ein Banachraum und $T \in \mathfrak{L}(E,F)$.

(14.1) Der Operator T heißt *M-schwach kompakt*, wenn T jede beschränkte, orthogonale Folge in E in eine Norm-Nullfolge abbildet.

Bildet T Ordnungsintervalle in E in relativ $\sigma(F,F')$-kompakte Mengen ab, so nennen wir T einen ordnungsschwach kompakten Operator ((12.3)). Es gilt das folgende Ergebnis von P.G.Dodds ([**Do**], Thm.4.2).

(14.2) Der Operator T ist genau dann ordnungsschwach kompakt, wenn T ordnungsbeschränkte, orthogonale Folgen in Norm-Nullfolgen abbildet.

Das nachstehende Resultat von C.Bessaga und A.Pełczyński (siehe [**LT1**], 2.e.4) spielt im weiteren Verlauf eine wichtige Rolle.

(14.3) Jede Folge (x_n) in einem Banachraum E mit den Eigenschaften $\inf_n \|x_n\| > 0$ und $\sum_{n\geq 1} |<x_n,x'>| < \infty$ für jedes $x' \in E'$ besitzt eine Teilfolge, die äquivalent zur kanonischen Basis von c_0 ist (siehe (0.2)).

Wir erinnern an die Definition c_0-singulärer Operatoren in §4. Aus (14.3) ergibt sich für einen Operator $T \in \mathfrak{L}(E,F)$ zwischen Banachräumen E und F die folgende Aussage.

(14.4) Ist (x_n) eine Folge in E und gelten $\sum_{n\geq 1} |<x_n,x'>| < \infty$ für jedes $x' \in E'$ und $\inf_n \|Tx_n\| > 0$, dann existiert eine Teilfolge (x_{n_k}) derart, daß (x_{n_k}) und (Tx_{n_k}) äquivalent zur kanonischen Basis von c_0 sind.

Ein Operator erfüllt genau dann Bedingung (14.4), wenn er nicht c_0-singulär ist.

Mit den Bezeichnungen aus (13.2) gelten nun die folgenden Aussagen.

14.2 Lemma. *Es seien E ein Banachverband, G ein Banachraum und $S \in \mathfrak{L}(E,G)$ ein Operator. S besitze eine der nachstehenden Eigenschaften:*

(i) *S ist M-schwach kompakt,*

(ii) *S ist c_0-singulär,*

(iii) *S ist ordnungsschwach kompakt.*

Dann besitzt $j_s : E \to (E,S)$ dieselbe Eigenschaft und der Raum (E,S) hat ordnungsstetige Norm.

Beweis. Es sei (x_n) eine beschränkte, orthogonale Folge in E und es gelte $\inf_n \|j_S x_n\| > 0$. Aufgrund der Definition der Norm von (E, S) existiert für jedes $n \in \mathbb{N}$ ein $y_n \in [-|x_n|, |x_n|]$, so daß $\inf_n \|Sy_n\| > 0$ gilt.

(i) Angenommen, j_S ist nicht M-schwach kompakt. Dann finden wir eine beschränkte, orthogonale Folge (x_n) in E mit der Eigenschaft $\inf_n \|j_S x_n\| > 0$. Mit der obigen Überlegung folgt, daß S nicht M-schwach kompakt sein kann.

(ii) Es sei j_S nicht c_0-singulär. Nach einem Resultat von N.Ghoussoub und W.B.Johnson ([**GhJ**], Thm.I.3) existiert eine beschränkte, orthogonale Folge (x_n) in E_+ derart, daß (x_n) und $(j_S x_n)$ äquivalent zur Einheitsvektorbasis von c_0 sind. Insbesondere ist dann $\inf_n \|j_S x_n\| > 0$. Außerdem gilt $\sum_{n\geq 1} | < x_n, x' > | < \infty$ für jedes $x' \in E'$ (die Einheitsvektorbasis von c_0 besitzt diese Eigenschaft und damit auch jede zu ihr äquivalente Folge in einem Banachraum). Wählen wir wieder $y_n \in [-x_n, x_n]$, $n \in \mathbb{N}$, wie am Anfang des Beweises, so gilt

$$(*) \qquad \begin{aligned} \textstyle\sum_{n\geq 1} | < y_n, x' > | &\leq \textstyle\sum_{n\geq 1} < |y_n|, |x'| > \\ &\leq \textstyle\sum_{n\geq 1} < x_n, |x'| > \; < \; \infty \text{ für jedes } x' \in E', \end{aligned}$$

$$(**) \qquad 0 \; < \; \inf_n \|Sy_n\|.$$

Nach (14.4) existiert dann eine Teilfolge (y_{n_k}) von (y_n) derart, daß (y_{n_k}) und (Sy_{n_k}) äquivalent zur kanonischen Basis von c_0 sind. Dies bedeutet gerade, daß S nicht c_0-singulär ist.

(iii) Ist j_S nicht ordnungsschwach kompakt, so existiert eine ordnungsbeschränkte, orthogonale Folge (x_n) in E mit der Eigenschaft $\inf_n \|j_S x_n\| > 0$ ((14.2)). Die zu Beginn des Beweises konstruierte Folge (y_n) ist dann ordnungsbeschränkt und orthogonal, und es gilt $\inf_n \|Sy_n\| > 0$. Hieraus wiederum folgt ((14.2)), daß S nicht ordnungsschwach kompakt ist.

Bislang haben wir nachgewiesen, daß j_S M-schwach kompakt (c_0-singulär, ordnungsschwach kompakt) ist, wenn S M-schwach kompakt (c_0-singulär, ordnungsschwach kompakt) ist. Es bleibt noch zu zeigen, daß (E, S) in jedem dieser Fälle ordnungsstetige Norm besitzt. Jeder M-schwach kompakte Operator ist schwach kompakt ([**MN2**], Kor.4) und damit c_0-singulär. Da für jede ordnungsbeschränkte, orthogonale Folge (z_n) in E die Beziehung $\sum_{n\geq 1} | < z_n, x' > | < \infty$ für jedes $x' \in E'$ gilt, folgt mit (14.4) und (14.2), daß jeder c_0-singuläre Operator ordnungsschwach kompakt ist. Somit ist (iii) die schwächste der betrachteten Eigenschaften. Ist nun S ordnungsschwach kompakt, so ergibt sich die Ordnungsstetigkeit der Norm von (E, S) aus einem Ergebnis von N.Ghoussoub und W.B.Johnson ([**GhJ**], Lemma I.1.b)). ∎

Bemerkung. Zu $S \in \mathfrak{L}(E,G)$ existiert ein Operator $V \in \mathfrak{L}((E,S),G)$ mit der Eigenschaft $S = Vj_S$ (siehe Beispiel 11.8). Da die Verknüpfung eines M-schwach kompakten (c_0-singulären, ordnungsschwach kompakten) Operators mit einem beliebigen Operator wieder M-schwach kompakt (c_0-singulär, ordnungsschwach kompakt) ist, gilt auch die Umkehrung von Lemma 14.2.

Ist E ein Banachverband und F ein Banachraum, dann bilden die M-schwach kompakten (c_0-singulären, ordnungsschwach kompakten) Operatoren von E nach F einen abgeschlossenen Teilraum in $\mathfrak{L}(E,F)$. Aus Lemma 14.2 und Satz 13.3 erhalten wir dann die folgenden Erblichkeitsaussagen für ordnungsabsolutstetige Operatoren.

14.3 Theorem. *Es seien E ein Banachverband und F und G Banachräume. Weiter seien Operatoren $S \in \mathfrak{L}(E,G)$ und $T \in OAC(S;F)$ gegeben. Dann gilt:*

a) *Ist S M-schwach kompakt, so ist auch T M-schwach kompakt.*
b) *Ist S c_0-singulär, so ist auch T c_0-singulär.*
c) *Ist S ordnungsschwach kompakt, so ist auch T ordnungsschwach kompakt.*

Semikompakte Operatoren:

Als nächstes befassen wir uns mit semikompakten Operatoren. Es seien E ein Banachraum, F ein Banachverband und $T \in \mathfrak{L}(E,F)$ ein Operator.

(14.5) Eine Teilmenge C von F heißt *fast ordnungsbeschränkt*, wenn zu jedem $\varepsilon > 0$ ein $x_\varepsilon \in F_+$ existiert mit der Eigenschaft $C \subseteq [-x_\varepsilon, x_\varepsilon] + \varepsilon B_F$. Wir nennen den Operator T *semikompakt*, wenn TB_E fast ordnungsbeschränkt in F ist.

Die Semikompaktheit der Adjungierten eines Operators T ist äquivalent zur Ordnungsabsolutstetigkeit von T bezüglich einer stetigen Linearform. Genauer gilt folgende Aussage.

14.4 Lemma. *Es seien E ein Banachverband, G ein Banachraum und $S \in \mathfrak{L}(E,G)$ ein Operator. Die Adjungierte S' von S ist genau dann semikompakt, wenn eine (positive) Linearform $x' \in E'$ existiert mit der Eigenschaft $S \ll_o x'$.*

Beweis. Angenommen, S' ist semikompakt. Zu jedem $n \in \mathbb{N}$ existiert ein $x'_n \in E'_+ \setminus \{0\}$, so daß $S'B_{G'} \subseteq [-x'_n, x'_n] + \frac{1}{n}B_{E'}$ gilt (siehe (14.5)). Setzen wir $x' := \sum_{n\geq 1} 2^{-n}\|x_n\|^{-1}x_n$, so folgt mit Satz 12.1 die Beziehung $S \ll_o x'$.
Gilt umgekehrt $S \ll_o x'$ für ein $x' \in E'$, dann existiert zu jedem $\varepsilon > 0$ ein $N_\varepsilon \geq 0$ mit der Eigenschaft $S'B_{G'} \subseteq N_\varepsilon[-|x'|, |x'|] + \varepsilon B_{E'}$ (Satz 12.1). Somit ist S' semikompakt. ∎

Aus Lemma 14.4 und (11.7) ergibt sich der folgende Satz.

14.5 Satz. *Es seien E ein Banachverband und F und G Banachräume. Weiter seien Operatoren $S \in \mathfrak{L}(E,G)$ und $T \in OAC(S;F)$ gegeben. Ist S' semikompakt, dann ist auch T' semikompakt.*

Bemerkung. Ganz analog erhalten wir für Operatoren S und T mit der Eigenschaft $T' \ll_o S'$ die folgende Aussage: *Ist S semikompakt, dann ist auch T semikompakt.*

l_1-singuläre Operatoren:

Im letzten Teil dieses Paragraphen wollen wir untersuchen, wann sich l_1-Singularität auf ordnungsabsolutstetige Operatoren überträgt. Auch hier zeigt uns Beispiel 14.1, daß dies im allgemeinen nicht der Fall ist. Wir erinnern an die folgende Bezeichnungsweise.

(14.6) Eine Teilmenge A eines Banachraums E heißt *schwach folgenpräkompakt*, wenn jede Folge in A eine Teilfolge besitzt, die eine schwache Cauchyfolge ist.

Aus Rosenthal's Theorem (siehe [**LT1**], 2.e.5) ergibt sich die nachstehende Aussage.

(14.7) Ein Operator T zwischen Banachräumen E und F ist genau dann l_1-singulär, wenn TB_E schwach folgenpräkompakt ist.

Für unser nächstes Resultat benötigen wir noch die folgende Beobachtung ([**Ne2**], Lemma 3).

(14.8) Ist E ein Banachraum und wird $A \subseteq E$ von einer schwach folgenpräkompakten Menge C fast absorbiert ((2.1)), dann ist auch A schwach folgenpräkompakt.

Das folgende Ergebnis leitet sich nun aus einem Resultat von N.Ghoussoub und W.B.Johnson ([**GhJ**], Thm.II.2, Cor.II.4) ab.

14.6 Satz. *Es sei E ein Banachverband. Dann sind die folgenden Aussagen äquivalent:*

a) *E enthält keinen zu $C[0,1]$ isomorphen Teilraum.*
b) *Sind F und G Banachräume und ist $S \in \mathfrak{L}(G,E)$ ein l_1-singulärer Operator, dann ist jeder Operator T in $OAC^{\text{dual}}(S;F)$ l_1-singulär.*

Beweis. *a)* $\Rightarrow$ *b)*: Es sei $S \in \mathfrak{L}(G,E)$ l_1-singulär. Aufgrund der Voraussetzung und wegen (14.7) ist nach einem Resultat von N.Ghoussoub und W.B.Johnson ([**GhJ**], Thm.II.2) die Menge $\operatorname{cv}\operatorname{so} SB_G$ schwach folgenpräkompakt. Ist nun $T \in$

$OAC^{\text{dual}}(S;F)$, so wird TB_F von $\text{cv so}\, SB_G$ fast absorbiert ((12.2)). Dann ist TB_F ebenfalls schwach folgenpräkompakt ((14.8)), und nach (14.7) ist T l_1-singulär.

b) $\Rightarrow$ *a)*: Nach einem weiteren Ergebnis von N.Ghoussoub und W.B.Johnson ([**GhJ**], Cor.II.4) genügt es zu zeigen, daß die abgeschlossene, konvexe, solide Hülle einer schwach folgenpräkompakten Menge in E wieder schwach folgenpräkompakt ist. Es sei $A \subseteq E$ eine schwach folgenpräkompakte Menge. Ohne Einschränkung können wir A als abgeschlossen und absolutkonvex voraussetzen (siehe [**Ros2**], S.818). Es sei $F := \bigcup_{n\geq 1} n\overline{\text{cv so}\, A}$, versehen mit dem Eichfunktional von $\overline{\text{cv so}\, A}$ als Norm, und $G := \bigcup_{n\geq 1} nA$, versehen mit dem Eichfunktional von A als Norm. Bezeichnen $T : F \to E$ und $S : G \to E$ die kanonischen Einbettungen, so gilt wegen $TB_F = \overline{\text{cv so}\, A} = \overline{\text{cv so}\, SB_G}$ die Beziehumg $T' \ll_o S'$ (Satz 12.4). Der Operator S ist nach Konstruktion l_1-singulär, und somit folgt aus der Voraussetzung und (14.8), daß $\overline{\text{cv so}\, A}$ schwach folgenpräkompakt ist. ∎

Wir möchten abschließend darauf hinweisen, daß Aussagen zur schwachen Kompaktheit, zur Kompaktheit und zur Dunford-Pettis-Eigenschaft ordnungsabsolutstetiger Operatoren Gegenstand des nächsten Kapitels sein werden (siehe §17, §18 und §19).

15. Approximierbarkeit durch L_p-faktorisierbare Operatoren

Es seien E und F Banachräume, $T \in \mathfrak{L}(E,F)$ und $1 \leq p \leq \infty$.

(15.1) Der Operator T heißt *L_p-faktorisierbar*, wenn sich T im Fall $1 \leq p < \infty$ über einen AL_p-Raum und im Fall $p = \infty$ über einen AM-Raum mit Einheit faktorisieren läßt.

Mit Γ_p, $1 \leq p \leq \infty$, bezeichnen wir das Ideal der L_p-faktorisierbaren Operatoren. Wir erinneren an die Bezeichnungen von §4.

Untersuchungen von C.P.Niculescu sowie von H.Jarchow und A.Pełczyński führten zu folgenden Beziehungen zwischen schwach kompakten und L_p-faktorisierbaren Operatoren (vgl. [**Ja3**], (2)):

(15.2) Ist E ein AM-Raum und F ein Banachraum, so gilt $\mathfrak{W}(E,F) = \overline{\Gamma_r}^{\text{inj}}(E,F)$ für jedes $1 \leq r < \infty$.

(15.3) Ist E ein AL-Raum und F ein Banachraum, so gilt $\mathfrak{W}(F,E) = \overline{\Gamma_r}^{\text{sur}}(F,E)$ für jedes $1 < r \leq \infty$.

Ausschlaggebend hierfür ist zum einen die geometrische Struktur der Räume und zum anderen eine enge Beziehung zwischen schwacher Kompaktheit und Semikompaktheit von Operatoren. Das Ziel dieses Paragraphen ist es, diese Zusammenhänge zu verdeutlichen.

Wir beginnen mit einigen Bezeichnungen, die für das Folgende von Wichtigkeit sein werden. Es sei $1 \leq p \leq \infty$.

(15.4)

a) Ein Operator $T \in \mathfrak{L}(E,F)$ von einem Banachraum E in einen Banachverband F heißt *p-konvex*, wenn eine Konstante $c \geq 0$ existiert derart, daß für jedes $n \in \mathbb{N}$ und bei beliebiger Wahl von Vektoren $x_1, ..., x_n \in E$ die Beziehung $\|(\sum_{k=1}^n |Tx_k|^p)^{1/p}\| \leq c(\sum_{k=1}^n \|x_k\|^p)^{1/p}$ gilt.

b) Ein Operator $T \in \mathfrak{L}(E,F)$ von einem Banachverband E in einen Banachraum F heißt *p-konkav*, wenn es ein $c \geq 0$ gibt, so daß für jedes $n \in \mathbb{N}$ und beliebige Vektoren $x_1, ..., x_n \in E$ die Beziehung $(\sum_{k=1}^n \|Tx_k\|^p)^{1/p} \leq c\|(\sum_{k=1}^n |x_k|^p)^{1/p}\|$ erfüllt ist.

Hierbei sind Ausdrücke der Form $(\sum_{k=1}^n |y_k|^p)^{1/p}$ für $1 < p < \infty$ durch den Krivine-Kalkül definiert ([**LT2**], 1.d.1; siehe auch §16). Im Fall $p = \infty$ steht $(\sum_{k=1}^n |y_k|^p)^{1/p}$ für den Ausdruck $\bigvee_{k=1}^n |y_k|$.
Operatoren auf einem Banachverband sind immer ∞-konkav, und Operatoren mit Werten in einem Banachverband sind stets 1-konvex (siehe [**LT2**], S.46).

(15.5) Ein Banachverband E heißt *p-konvex* (bzw. *p-konkav*), $1 \leq p \leq \infty$, wenn die Identität Id_E p-konvex (bzw. p-konkav) ist.

Jeder AL_p-Raum, $1 \leq p \leq \infty$, ist p-konvex und p-konkav, und jeder AM-Raum ist ∞-konvex (und ∞-konkav) ([**LT2**], S.45).

Es sei noch erwähnt, daß für Vektoren $y_1, \ldots, y_n$ in einem Banachverband E und für $1 \leq p \leq \infty$ stets die folgende Gleichheit gilt (siehe [**LT2**], S.42):

(15.6) $(\sum_{k=1}^n |y_k|^p)^{1/p} = \sup\{\sum_{k=1}^n \alpha_k y_k : (\alpha_1, \ldots, \alpha_n) \in \mathbb{R}^n, \sum_{k=1}^n |\alpha_k|^q \leq 1\}$, wobei q der Bedingung $\frac{1}{p} + \frac{1}{q} = 1$ genügt.

Wir zeigen zunächst, daß für einen p-konkaven Operator S der in (13.2) eingeführte Operator $j_S : E \to (E,S)$ ebenfalls p-konkav ist.

15.1 Lemma. *Es seien E ein Banachverband, G ein Banachraum und $S \in \mathfrak{L}(E,G)$ ein p-konkaver Operator für ein $p \in [1,\infty)$. Dann ist auch $j_S : E \to (E,S)$ p-konkav.*

Beweis. Wir wählen $c \geq 0$ wie in (15.4 b)). Seien $x_1, \ldots, x_n \in E$ und $y_1, \ldots, y_n \in E$ mit der Eigenschaft $|y_k| \leq |x_k|$ für $1 \leq k \leq n$ gegeben. Dann ist

$$(*) \qquad (\sum_{k=1}^n \|Sy_k\|^p)^{1/p} \leq c\|(\sum_{k=1}^n |y_k|^p)^{1/p}\| \leq c\|(\sum_{k=1}^n |x_k|^p)^{1/p}\|,$$

wobei die zweite Ungleichung leicht mit (15.6) folgt. Andererseits gilt

$$(\sum_{k=1}^n \|j_S x_k\|^p)^{1/p} = (\sum_{k=1}^n \sup_{|z_k| \leq |x_k|} \|Sz_k\|^p)^{1/p}.$$

Zusammen mit $(*)$ folgt hieraus die Behauptung. ∎

Das erste Hauptergebnis dieses Paragraphen beruht auf einem tiefen Resultat von J.L.Krivine zur L_p-Faktorisierbarkeit p-konkaver Operatoren (siehe [**LT2**], 1.d.12). Wir erinnern an die in §4 eingeführte abgeschlossene, injektive Hülle $\overline{\mathfrak{A}}^{\text{inj}}$ eines Operatorenideals $\mathfrak{A}$, sowie an den Raum $F^{\text{inj}} := l_\infty^{B_{F'}}$ und die kanonische Injektion $J_F : F \to F^{\text{inj}}$ für einen Banachraum F.

15.2 Theorem. *Es seien $1 \leq s < p \leq \infty$, E ein p-konvexer Banachverband, F und G Banachräume und $S \in \mathfrak{L}(E, G)$ ein s-konkaver Operator. Für jedes $r \in [s, p)$ gilt dann*

$$OAC(S; F) \subseteq \overline{\Gamma_r}^{\text{inj}}(E, F).$$

Beweis. Es sei $r \in [s, p)$. In Lemma 15.1 haben wir gezeigt, daß $j_S : E \to (E, S)$ s-konkav ist. Wegen $s \leq r < p$ sind E r-konvex und j_S r-konkav ([**LT2**], 1.d.5). Nach einem Resultat von J.L.Krivine (siehe [**LT2**], 1.d.12) läßt sich j_S über einen AL_r-Raum faktorisieren. Der Operator j_S liegt also in Γ_r. Mit Satz 13.1 und Theorem 4.1 folgt dann

$$OAC(S; F) = AC(j_S; F) \subseteq \overline{\Gamma_r}^{\text{inj}}(E, F). \quad ∎$$

Ist $S \in \mathfrak{L}(E, G)$ ein Operator mit semikompakter Adjungierte, so kommen wir ohne eine Konkavitätsbedingung an S aus.

15.3 Korollar. *Es seien E ein Banachverband, F und G Banachräume und $S \in \mathfrak{L}(E, G)$ ein Operator mit semikompakter Adjungierte S'. Dann gilt*

$$OAC(S; F) \subseteq \overline{\Gamma_1}^{\text{inj}}(E, F).$$

Ist E darüber hinaus p-konvex für ein $p \in (1, \infty]$, dann gilt für jedes $r \in [1, p)$ die Beziehung

$$OAC(S; F) \subseteq \overline{\Gamma_r}^{\text{inj}}(E, F).$$

Beweis. Nach Lemma 14.4 existiert eine Linearform $x' \in E'_+$, so daß $S \ll_o x'$ gilt. Hieraus erhalten wir mit (11.7) und Satz 13.1

$$(*) \qquad OAC(S;F) \subseteq OAC(x';F) = AC(j_{x'};F) = OAC(j_{x'};F),$$

wobei (E, x') und $j_{x'} : E \to (E, x')$ wie in (13.2) gegeben sind. Der Banachverband (E, x') ist ein AL-Raum ([**S2**], II.8, Example 1). Somit ist $j_{x'}$ in Γ_1 enthalten. Aus $(*)$ und Theorem 4.1 folgt dann

$$OAC(S;F) \subseteq AC(j_{x'};F) \subseteq \overline{\Gamma_1}^{\text{inj}}(E,F).$$

Für den Beweis der zweiten Behauptung verwenden wir, daß $j_{x'} : E \to (E, x')$ als positiver Operator in einen AL-Raum 1-konkav ist ([**LT2**], S.55). Ist E nun p-konvex für ein $p \in (1, \infty]$, dann erfüllen E und $j_{x'}$ die Voraussetzungen von Theorem 15.2. Zusammen mit $(*)$ folgt schließlich

$$OAC(S;F) \subseteq OAC(j_{x'};F) \subseteq \overline{\Gamma_r}^{\text{inj}}(E,F)$$

für jedes $r \in [1, p)$. ∎

Bemerkung. Ist E ein AM-Raum mit Einheit, dann ist die Abbildung $j_{x'}$ im Beweis von Korollar 15.3 absolutsummierend und damit auch r-absolutsummierend für jedes $r \in [1, \infty)$ ([**Pi**], 17.3.3, 17.3.9). Wir bezeichnen mit $\mathfrak{P}_r$, $1 \leq r < \infty$, das Ideal der r-absolutsummierenden Operatoren. Nach Theorem 4.1 gelten dann die Inklusionen

$$OAC(S;F) \subseteq AC(j_{x'};F) \subseteq \overline{\mathfrak{P}_r}^{\text{inj}}(E,F)$$

für jedes $r \in [1, \infty)$. Nun besitzt jeder schwach kompakte Operator auf E eine semikompakte Adjungierte (Beispiel 11.10, Lemma 14.4). Andererseits ist jeder r-absolutsummierende Operator, $1 \leq r < \infty$, schwach kompakt ([**Pi**], 17.3.2). Wir erhalten damit die folgende Aussage (vgl. [**Ja1**], 20.7.6, 20.7.7).

> *Ist E ein AM-Raum mit Einheit und F ein Banachraum, dann gilt $\mathfrak{W}(E,F) = \overline{\mathfrak{P}_r}^{\text{inj}}(E,F)$ für alle $r \in [1, \infty)$.*

Wir wollen nun ein zu Theorem 15.2 duales Resultat beweisen. Für einen Banachraum F seien $F^{\text{sur}} := l_1^{B_F}$ und die kanonische Surjektion $Q_F : F^{\text{sur}} \to F$ wie in §4 gegeben. Mit $\overline{\mathfrak{A}}^{\text{sur}}$ bezeichnen wir die abgeschlossene, surjektive Hülle eines Operatorenideals $\mathfrak{A}$ (siehe §4).

15.4 Theorem. *Es seien $1 \le p < s \le \infty$, E ein p-konkaver Banachverband, F und G Banachräume und $S \in \mathfrak{L}(G,E)$ ein s-konvexer Operator. Dann gilt für jedes $r \in (p,s]$ die Beziehung*

$$OAC^{\mathrm{dual}}(S;F) \subseteq \overline{\Gamma_r}^{\mathrm{sur}}(F,E).$$

Beweis. Es seien $r \in (p,s]$ und $T \in OAC^{\mathrm{dual}}(S;F)$ gegeben. Ist $Q_F : F^{\mathrm{sur}} \to F$ die kanonische Surjektion, dann gilt $(TQ_F)' \ll_o S'$ ((11.8)). Der Dualraum E' von E ist p'-konvex und die Adjungierte S' von S ist s'-konkav, wobei p' und s' der Bedingung $\frac{1}{p} + \frac{1}{p'} = \frac{1}{s} + \frac{1}{s'} = 1$ genügen ([**LT2**], 1.d.4). Wir wenden nun Theorem 15.2 auf den Raum E' und den Operator S' an und erhalten

$$(TQ_F)' \in \overline{\Gamma_{r'}}^{\mathrm{inj}}(E',(F^{\mathrm{sur}})'),$$

wobei r' die Bedingung $\frac{1}{r} + \frac{1}{r'} = 1$ erfüllt. Da $(F^{\mathrm{sur}})' = l_\infty^{B_F}$ ein injektiver Banachraum ist, gilt $(TQ_F)' \in \overline{\Gamma_{r'}}(E',(F^{\mathrm{sur}})')$ ([**Pi**], 4.6.3). Bezeichnet $i_E : E \to E''$ die kanonische Einbettung, so ergibt sich durch Übergehen zur Biadjungierten von TQ_F und Einschränkung auf den Raum F^{sur} die Beziehung

$$(*) \qquad i_E TQ_F \in \overline{\Gamma_r}(F^{\mathrm{sur}}, E'').$$

Eine einfache Überlegung zeigt, daß für $1 \le p < \infty$ ein p-konkaver Banachverband keinen zu c_0 isomorphen Unterverband enthalten kann (siehe auch [**LT2**], Beweis von 1.d.7). Insbesondere trifft dies auf den Raum E zu. Hieraus folgt, daß eine Projektion von E'' auf E existiert ((0.8), [**S2**], II.2.10). Aus $(*)$ erhalten wir dann $TQ_F \in \overline{\Gamma_r}(F^{\mathrm{sur}}, E)$. Dies bedeutet mit anderen Worten $T \in \overline{\Gamma_r}^{\mathrm{sur}}(F,E)$. ∎

Wir zeigen als nächstes, daß für semikompakte Operatoren $S \in \mathfrak{L}(G,E)$ auf die Konvexitätsbedingung verzichtet werden kann.

15.5 Korollar. *Es seien E ein Banachverband, F und G Banachräume und $S \in \mathfrak{L}(G,E)$ ein semikompakter Operator. Dann gilt*

$$OAC^{\mathrm{dual}}(S;F) \subseteq \overline{\Gamma_\infty}^{\mathrm{sur}}(F,E).$$

Ist E zusätzlich p-konkav für ein $p \in [1,\infty)$, dann gilt für jedes $r \in (p,\infty]$ die Beziehung

$$OAC^{\mathrm{dual}}(S;F) \subseteq \overline{\Gamma_r}^{\mathrm{sur}}(F,E).$$

Beweis. Aufgrund der Semikompaktheit des Operators S gibt es ein Element $x \in E_+$ derart, daß zu jedem $\varepsilon > 0$ ein $N_\varepsilon \ge 0$ existiert mit der Eigenschaft $SB_G \subseteq$

$N_\varepsilon[-x,x]+\varepsilon B_E$ (vgl. (14.5)). Es sei $E_x := \bigcup_{n\geq 1} n[-x,x]$ das von x erzeugte Hauptideal, versehen mit dem Eichfunktional von $[-x,x]$ als Norm. Dann ist E_x ein AM-Raum mit Einheit ([**S2**], II.7.2). Für die kanonische Einbettung $i_x : E_x \to E$ gilt $S' \ll_o i_x'$ (siehe (12.2)). Hieraus folgt $OAC^{\text{dual}}(S;F) \subseteq OAC^{\text{dual}}(i_x;F)$ ((11.7)). Da $i_x B_{E_x} = [-x,x]$ konvex und solid ist, ergibt sich mit (12.2) und (2.3) die Gleichheit $OAC^{\text{dual}}(i_x;F) = AC^{\text{dual}}(i_x;F)$. Insgesamt erhalten wir somit

$$(*) \qquad OAC^{\text{dual}}(S;F) \subseteq OAC^{\text{dual}}(i_x;F) = AC^{\text{dual}}(i_x;F).$$

Offenbar liegt i_x in Γ_∞. Aus (*) und Theorem 4.2 folgt dann

$$OAC^{\text{dual}}(S;F) \subseteq \overline{\Gamma_\infty}^{\text{sur}}(F,E).$$

Für den Beweis der zweiten Behauptung verwenden wir, daß $i_x : E_x \to E$ als positiver Operator auf einem AM-Raum ∞-konvex ist ([**LT2**], S.45). Falls E nun p-konkav für ein $p \in [1,\infty)$ ist, so erfüllen E und i_x die Voraussetzungen von Theorem 15.4. Zusammen mit (*) erhalten wir dann

$$OAC^{\text{dual}}(S;F) \subseteq OAC^{\text{dual}}(i_x;F) \subseteq \overline{\Gamma_r}^{\text{sur}}(F,E)$$

für jedes $r \in (p,\infty]$. ∎

Bemerkung. Es seien $S \in \mathfrak{L}(G,E)$ ein semikompakter Operator und E ein p-konkaver Banachverband für ein $p \in [1,\infty)$. Die Abbildung $i_x : E_x \to E$ im Beweis des Korollars ist r-absolutsummierend für jedes $r \in [p,\infty)$ (siehe [**LT2**], 1.d.10, [**Pi**], 17.3.9). Wegen Beziehung (*) im Beweis des Korollars und Theorem 4.2 gilt dann für jedes $r \in [p,\infty)$

$$OAC^{\text{dual}}(S;F) \subseteq OAC^{\text{dual}}(i_x;F) = AC^{\text{dual}}(i_x;F) \subseteq \overline{\mathfrak{P}_r}^{\text{sur}}(F,E).$$

Wir führen als nächstes eine neue Klasse von Banachverbänden ein. Es zeigt sich, daß für Operatoren auf Räumen dieser Klasse ein enger Zusammenhang zwischen schwacher Kompaktheit und Semikompaktheit besteht. Wir erinnern an den Begriff der fast ordnungsbeschränkten Menge in einem Banachverband ((14.5)).

15.6 Definition. Ein Banachverband E heißt *schwacher Schur-Raum*, wenn in E die relativ schwach kompakten mit den fast ordnungsbeschränkten Mengen übereinstimmen.

Ein Banachverband E ist genau dann ein schwacher Schur-Raum, wenn jede beschränkte, orthogonale Folge in E, die nicht in der Norm gegen Null konvergiert, eine zur kanonischen Basis von l_1 äquivalente Teilfolge besitzt ([**Rä2**], Prop.1.2; siehe auch [**MN2**], Satz 14). Ein schwacher Schur-Raum enthält daher keinen zu c_0 isomorphen Unterverband. Hieraus ergibt sich die nachstehende Aussage (vgl. (0.8)).

(15.7) Jeder schwache Schur-Raum ist schwach folgenvollständig.

Aus Definition 15.6 erhalten wir sofort die nachstehende Beziehung.

(15.8) Ein Operator T mit Werten in einem schwachen Schur-Raum ist genau dann schwach kompakt, wenn T semikompakt ist.

Nachfolgend sind einige Beispiele von schwachen Schur-Räumen zusammengefaßt (siehe auch [**Rä2**], 1.3 Examples).

15.7 Beispiele. a) Jeder AL-Raum ist ein schwacher Schur-Raum.

b) Jeder Banachverband mit der *Schur-Eigenschaft* (d.h. schwach konvergente Folgen konvergieren in der Norm) ist ein schwacher Schur-Raum.

c) *(Lorentz-Räume)* Es sei $\psi : [0,1] \to [0,\infty)$ eine monoton wachsende, konkave Funktion, die in Null stetig ist und dort den Wert Null annimmt. Dann ist ψ in $[0,1]$ mit Ausnahme von abzählbar vielen Punkten differenzierbar ([**KPS**], S.47). Wir setzen

$$\Lambda_{\psi,1}[0,1] := \{f \in L_0[0,1] \ : \ \int_0^1 f^*(t)\psi'(t)dt < \infty\},$$

wobei $f^*(t) := \inf\{s > 0 : \lambda(|f| > s) \leq t\}$ ist und λ das Lebesgue-Maß bezeichnet. Man nennt $\Lambda_{\psi,1}[0,1]$, versehen mit der Norm $\|f\|_{\psi,1} := \int_0^1 f^*(t)\psi'(t)dt$, einen *Lorentz-Raum.* Jeder Lorentz-Raum $\Lambda_{\psi,1}[0,1]$ ist ein schwacher Schur-Raum ([**FJT**], Thm.5.1). Gilt darüber hinaus $\lim_n \overline{\lim}_{t\to 0} \frac{n\psi(t)}{\psi(nt)} < \infty$, dann ist auch $\Lambda_{\psi,1}[0,1]''$ ein schwacher Schur-Raum ([**To2**], Thm., [**To1**]). Ist $\psi(t) = t^{1/p}$, $1 \leq p < \infty$, dann ist $L_{p,1}[0,1] = \Lambda_{\psi,1}[0,1]$ $(p+\varepsilon)$-konkav für jedes $\varepsilon > 0$ ([**LT2**], 2.b.8, 2.g.18, 2.g.6, 1.d.5).

d) *(Orlicz-Räume)* Sei $M : [0,\infty) \to [0,\infty)$ eine monoton wachsende, konvexe, stetige Funktion und es gelte $M(0) = 0$ sowie $\lim_{t\to\infty} M(t) = \infty$. Es sei

$$L_M[0,1] := \{f \in L_0[0,1] : \int_0^1 M(\frac{|f(t)|}{\rho})\, dt < \infty \text{ für irgendein } \rho > 0\}.$$

Der Raum $L_M[0,1]$, versehen mit der Norm $\|f\|_M := \inf\{\rho > 0 : \int_0^1 M(\frac{|f(t)|}{\rho})dt \leq 1\}$, heißt *Orlicz-Raum.* Die Funktion $M^* : [0,\infty) \to [0,\infty)$, definiert durch $M^*(t) := \sup_{u>0}(ut - M(u))$, wird die zu M *komplementäre Funktion* genannt. Erfüllt M die Δ_2-Bedingung im Punkt ∞ (d.h. $\overline{\lim}_{t\to\infty} \frac{M(2t)}{M(t)} < \infty$) und genügt M^* der Bedingung

$\lim_{t\to\infty} \frac{M^*(2t)}{M^*(t)} = \infty$, dann ist $L_M[0,1]$ ein schwacher Schur-Raum ([**Le**]). Ein Orlicz-Raum $L_M[0,1]$ ist genau dann p-konkav für ein $p \in [1,\infty)$, wenn M die Δ_2-Bedingung im Punkt ∞ erfüllt ([**JMST**], S.168).

e) Ist $E_n := l^n_{p_n}$, $n \in \mathbb{N}$, und gilt $\lim_n p_n = \infty$, dann ist $E := (l_\infty(E_n))'$ ein schwacher Schur-Raum ([**Rä1**], §9, Beispiel 4).

Der nächste Satz ist eine Verallgemeinerung von Aussage (15.2).

15.8 Satz. *Sei E ein Banachverband und F ein Banachraum. Ist E' ein schwacher Schur-Raum, dann gilt*

$$\mathfrak{W}(E,F) = \overline{\Gamma_1}^{\text{inj}}(E,F).$$

Ist E darüber hinaus p-konvex für ein $p \in (1,\infty]$, dann gilt für jedes $r \in [1,p)$

$$\mathfrak{W}(E,F) = \overline{\Gamma_r}^{\text{inj}}(E,F).$$

Beweis. Es sei $T \in \overline{\Gamma_1}^{\text{inj}}(E,F)$. Bezeichnet $J_F : F \to F^{\text{inj}}$ die kanonische Injektion aus §4, so bedeutet dies, daß $J_F T$ der Normlimes einer Folge (Q_n) von L_1-faktorisierbaren Operatoren in $\mathfrak{L}(E, F^{\text{inj}})$ ist. Für jedes $n \in \mathbb{N}$ ist dann Q_n' L_∞-faktorisierbar. Nach einem Resultat von A.Grothendieck (siehe [**S2**], II.10, Example 5) ist jeder Operator von einem AM-Raum in einen schwach folgenvollständigen Banachraum schwach kompakt. Nach (15.7) sind daher die Operatoren Q_n', $n \in \mathbb{N}$, schwach kompakt. Somit ist $J_F T$ als Normlimes schwach kompakter Operatoren selbst schwach kompakt. Hieraus folgt schließlich $T \in \mathfrak{W}(E,F)$.
Wir haben damit die Inklusion $\overline{\Gamma_1}^{\text{inj}}(E,F) \subseteq \mathfrak{W}(E,F)$ nachgewiesen. Da für $1 < r < \infty$ jeder L_r-faktorisierbare Operator schwach kompakt ist, gilt sogar

$$(*) \qquad \overline{\Gamma_r}^{\text{inj}}(E,F) \subseteq \mathfrak{W}(E,F) \text{ für alle } 1 \le r < \infty.$$

Nun ist die Adjungierte jedes schwach kompakten Operators auf E semikompakt ((15.8)). Aus Korollar 15.3 folgt dann

$$(**) \qquad \mathfrak{W}(E,F) \subseteq \overline{\Gamma_1}^{\text{inj}}(E,F)$$

und falls E zusätzlich p-konvex für ein $p \in (1,\infty]$ ist, gilt

$$(***) \qquad \mathfrak{W}(E,F) \subseteq \overline{\Gamma_r}^{\text{inj}}(E,F) \text{ für jedes } r \in [1,p).$$

Aus $(*)$, $(**)$ und $(***)$ folgt schließlich die Behauptung. ∎

Dual zu dem vorhergehenden Satz erhalten wir eine Aussage, die (15.3) verallgemeinert. Der Beweis verläuft analog zu dem von Satz 15.8 (anstelle von Korollar 15.3 verwende man Korollar 15.5).

15.9 Satz. *Sei E ein schwacher Schur-Raum und F ein Banachraum. Dann gilt*

$$\mathfrak{W}(F,E) = \overline{\Gamma_\infty}^{\text{sur}}(F,E).$$

Ist E zusätzlich p-konkav für ein $p \in [1,\infty)$, *dann gilt für jedes* $r \in (p,\infty]$

$$\mathfrak{W}(F,E) = \overline{\Gamma_r}^{\text{sur}}(F,E).$$

Bemerkung. Es sei E ein schwacher Schur-Raum und E sei p-konkav für ein $p \in [1,\infty)$. Da jeder schwach kompakte Operator mit Werten in E semikompakt ist ((15.8)), ergibt sich mit der Bemerkung im Anschluß an Korollar 15.5 für jeden Banachraum F und jedes $r \in [p,\infty)$ die Inklusion $\mathfrak{W}(E,F) \subseteq \overline{\mathfrak{P}_r}^{\text{sur}}(F,E)$. Da die umgekehrte Inklusion immer richtig ist (siehe [**Pi**], 17.3.12), gilt somit für einen beliebigen Banachraum F und jedes $r \in [p,\infty)$ die Gleichheit

$$\mathfrak{W}(E,F) = \overline{\mathfrak{P}_r}^{\text{sur}}(F,E).$$

Wir beschließen diesen Paragraphen mit einem Resultat zur Struktur von reflexiven Teilräumen schwacher Schur-Räume. Dual dazu erhalten wir eine Strukturaussage über reflexive Quotienten von Banachverbänden, deren Dualraum ein schwacher Schur-Raum ist.

(15.9) Ein Banachraum E heißt *gleichmäßig konvex*, wenn zu jedem $\varepsilon > 0$ ein $\delta > 0$ existiert, so daß für alle Vektoren $x, y \in E$ mit den Eigenschaften $\|x\| = \|y\| = 1$ und $\|\frac{x+y}{2}\| > 1 - \delta$ die Ungleichung $\|x - y\| < \varepsilon$ gilt.

Bekanntlich ist jeder AL_p-Raum, $1 < p < \infty$, gleichmäßig konvex ([**B3**], 3.II.1. Prop.8). Jeder gleichmäßig konvexe Banachraum ist super-reflexiv, insbesondere also reflexiv ([**B3**], 4.I.2). Mit Hilfe der von B.Beauzamy in [**B1**] entwickelten Theorie der gleichmäßig konvexifizierenden Operatoren (uniformly convexifying operators) lassen sich aus den Sätzen 15.8 und 15.9 die nachstehenden Aussagen ableiten.

a) *Ist E ein p-konvexer Banachverband,* $1 < p \leq \infty$, *und ist E' ein schwacher Schur-Raum, dann existiert auf jedem reflexiven Quotienten von E eine gleichmäßig konvexe Norm.*

b) *Ist E ein p-konkaver schwacher Schur-Raum,* $1 \leq p < \infty$, *dann existiert auf jedem reflexiven Teilraum von E eine äquivalente, gleichmäßig konvexe Norm.*

Mit anderen Methoden lassen sich allerdings wesentlich stärkere Aussagen beweisen. Hierauf möchten wir noch kurz eingehen. Das nachstehende Theorem ist eine Erweiterung eines tiefen Ergebnisses von H.P.Rosenthal ([**Ros1**], 2., Cor.11).

15.10 Theorem. *Für einen Banachverband E gelten die folgenden Aussagen:*

a) *Ist E' ein schwacher Schur-Raum, dann ist jeder reflexive Quotient G von E isomorph zu einem Quotienten eines AL_r-Raums für ein $r \in [2, \infty)$.*

b) *Ist E ein schwacher Schur-Raum, dann ist jeder reflexive Teilraum G von E isomorph zu einem Teilraum eines AL_r-Raums für ein $r \in (1, 2]$.*

Beweis. Es genügt Aussage b) zu beweisen. Aussage a) ergibt sich dann aus b) aus Dualitätsgründen. Es sei also G ein reflexiver Teilraum eines schwachen Schur-Raums E. Nach einem Resultat von T.Figiel, W.B.Johnson und L.Tzafriri ([**FJT**], Thm.4.1) ist G isomorph zu einem Teilraum eines AL-Raums oder aber es existiert eine Folge (x_n) in G von Vektoren der Norm eins und eine orthogonale Folge (y_n) in E mit der Eigenschaft $\lim_n \|x_n - y_n\| = 0$. Der zweite Fall kann jedoch nicht eintreten, denn sonst würde (x_n) eine Teilfolge enthalten, die äquivalent zur kanonischen Basis von l_1 ist (siehe Anmerkung zu Definition 15.6), was im Widerspruch zur Reflexivität von G steht. Somit ist G isomorph zu einem Teilraum eines AL-Raums. Nach einem Resultat von H.P.Rosenthal ([**Ros1**], 2. Cor.11) ist G dann isomorph zu einem Teilraum eines AL_r-Raums für ein $r \in (1, 2]$. ∎

Bemerkungen. a) Da Teilräume und Quotienten von gleichmäßig konvexen Räumen wieder gleichmäßig konvex sind ([**B3**], 3.II.1 Prop.4), ergeben sich aus Theorem 15.10 für einen Banachverband E die folgenden Aussagen (vgl. [**Ja2**], Cor.2).

(i) *Ist E' ein schwacher Schur-Raum und ist G ein reflexiver Quotient von E, dann existiert auf G eine äquivalente, gleichmäßig konvexe Norm.*

(ii) *Ist E ein schwacher Schur-Raum und ist G ein reflexiver Teilraum von E, dann existiert auf G eine äquivalente, gleichmäßig konvexe Norm.*

b) Mit Hilfe eines Absolutstetigkeitsarguments (siehe dazu Beispiel 1.9) konnte H.Jarchow ([**Ja2**]) zeigen, daß auf jedem reflexiven Quotienten einer C^*-Algebra eine äquivalente, gleichmäßig konvexe Norm existiert.

IV. Das Erblichkeitsverhalten ordnungsabsolutstetiger Operatoren

Betrachten wir den Raum $\mathfrak{L}(E, F)$ aller Operatoren zwischen zwei Banachverbänden E und F, so stellt sich in natürlicher Weise die Frage nach der Verträglichkeit bestimmter Operatoreigenschaften mit der Ordnungsstruktur von $\mathfrak{L}(E, F)$. Eine häufig untersuchte Situation ist die der (linearen) Majorisierung $T \leq S$ zwischen positiven Operatoren T und S in $\mathfrak{L}(E, F)$, verbunden mit der Frage, welche Eigenschaften von S sich auf den Operator T übertragen. Besitzen beispielsweise E' und F ordnungsstetige Norm, so ist nach einem Resultat von P.G.Dodds und D.H.Fremlin ([**DoF**], Thm.4.5) jeder positive, kompakt majorisierte Operator wieder kompakt. Ergebnisse desselben Typs findet man in [**AB2**], [**AB3**], [**AB4**], [**AB5**], [**GhJ**], [**H**], [**MN3**], [**Pa**], [**S3**] und [**W**].

In dem nun folgenden Kapitel werden wir zeigen, daß für viele dieser Aussagen die (lineare) Majorisierung zu einer Absolutstetigkeitsbedingung zwischen den Operatoren abgeschwächt werden kann (§17, §18, §19; siehe auch §14). Dies hat unter anderem den Vorteil, daß wir nicht ausschließlich Operatoren zwischen Banachverbänden zu betrachten brauchen, sondern auch Aussagen für Operatoren von einem Banachverband in einen Banachraum bzw. von einem Banachraum in einen Banachverband erhalten. Erste Ansätze in diese Richtung sind in der Arbeit [**GhJ**] von N.Ghoussoub und W.B.Johnson enthalten.

Auf anderem Wege erzielte A.V.Bukhvalov ([**Bu**]) Verallgemeinerungen des oben erwähnten Theorems von P.G.Dodds und D.H.Fremlin und verwandter Resultate. Er bedient sich dabei des Konzepts der nicht-linearen Majorisierung von Operatoren. Für die von ihm in erster Linie betrachteten Fälle können wir eine enge Beziehung zwischen nicht-linearer Majorisierung, linearer Majorisierung und Ordnungsabsolutstetigkeit feststellen (§16). Im weiteren Verlauf des Kapitels werden sich die meisten der von A.V.Bukhvalov für nicht-linear majorisierte Operatoren bewiesenen Erblichkeitsaussagen als Spezialfälle ergeben.

16. Nicht-lineare Majorisierung von Operatoren

Bevor wir uns mit der nicht-linearen Majorisierung von Operatoren beschäftigen, wollen wir kurz auf den Krivine-Kalkül und seine besonderen Eigenschaften eingehen.

Im folgenden seien n eine feste natürliche Zahl und E ein Banachverband.

(16.1) $\mathcal{CP}_n$ bezeichne die Menge aller stetigen, positiv homogenen ((5.3)) Funktionen von $\mathbf{R}^n$ nach $\mathbf{R}$.

Der Raum $\mathcal{CP}_n$, versehen mit der punktweisen Ordnung und der Norm $\|\phi\|_{\mathcal{CP}} := \sup_{|\xi_1|=\ldots=|\xi_n|=1} |\phi(\xi_1,...,\xi_n)|$, ist ein Banachverband. Vermöge der Einschränkung von Funktionen aus $\mathcal{CP}_n$ auf die Menge $B_n := \{(\xi_1,...,\xi_n) : |\xi_1| = ... = |\xi_n| = 1\}$ sind $\mathcal{CP}_n$ und der Raum $C(B_n)$ der stetigen, reellwertigen Funktionen auf B_n isometrisch verbandsisomorph. Für $1 \leq l \leq n$ seien $\phi_l : \mathbf{R}^n \to \mathbf{R} : (\xi_1,...,\xi_n) \mapsto \xi_l$ die Koordinatenfunktionale. Es sei $\mathcal{H}_n$ der von $\phi_1,...,\phi_n$ erzeugte Untervektorverband in $\mathcal{CP}_n$. Aufgrund der Isomorphie der Banachverbände $\mathcal{CP}_n$ und $C(B_n)$ folgt mit der verbandstheoretischen Version des Satzes von Stone-Weierstrass ([**S2**], II.7.3), daß $\mathcal{H}_n$ in $\mathcal{CP}_n$ dicht ist. Jede Funktion $\phi \in \mathcal{H}_n$ entsteht aus den Koordinatenfunktionalen $\phi_1,...,\phi_n$ durch Bildung endlich vieler Additionen, Skalarenmultiplikationen und Verbandsoperationen.

Es seien nun $x_1,...,x_n \in E$. Ist $\phi \in \mathcal{H}_n$, so können wir die Vektoren $x_1,...,x_n$ in eine Darstellung von ϕ einsetzen und erhalten auf diese Weise ein Element $\phi(x_1,...,x_n) \in E$. Fassen wir $x_1,...,x_n$ als Elemente des Hauptideals $I_x := \bigcup_{n\geq 1} n[-x,x]$ für $x := \bigvee_{l=1}^n |x_l|$ auf und identifizieren wir I_x vermöge des Kakutanischen Darstellungssatzes mit einem Raum stetiger Funktionen ([**S2**], II.7.2, II.7.4), so ist $\phi(x_1,...,x_n)$ die Komposition von ϕ mit dem n-Tupel $(x_1,...,x_n)$ von Funktionen. Hieraus ergibt sich zum einen die Wohldefiniertheit von $\phi(x_1,...,x_n)$ und zum anderen der folgende Sachverhalt:

$$\text{Sind } x_1,...,x_n \in E_+ \text{ und ist } \phi_{|\mathbf{R}^n_+} \geq 0, \text{ dann gilt } \phi(x_1,...,x_n) \geq 0.$$

Die Auswertungsabbildung $\tau : \mathcal{H}_n \to E : \phi \mapsto \phi(x_1,...,x_n)$ ist ein stetiger Verbandshomomorphismus mit Norm $\|\tau\| \leq \| \bigvee_{l=1}^n |x_l| \|$ ([**LT2**], S.41). Wegen der Dichtheit von $\mathcal{H}_n$ in $\mathcal{CP}_n$ besitzt τ eine eindeutige stetige Fortsetzung auf $\mathcal{CP}_n$. Insgesamt ergibt sich damit der folgende Satz (siehe [**LT2**], 1.d.1).

16.1 Satz. *Es seien E ein Banachverband und $x_1,...,x_n \in E$. Dann existiert eine eindeutig bestimmte Abbildung $\tau : \mathcal{CP}_n \to E$ mit den folgenden Eigenschaften:*

(i) $\tau(\phi_l) = x_l$ *für* $1 \leq l \leq n$,

(ii) τ *ist ein Verbandshomomorphismus,*

(iii) $\|\tau\| \leq \| \bigvee_{l=1}^n |x_l| \|$,

(iv) *sind $x_1,...,x_n$ positiv und ist $\phi \in \mathcal{CP}_n$ mit der Eigenschaft $\phi_{|\mathbf{R}^n_+} \geq 0$ gegeben, dann gilt $\tau(\phi) \geq 0$.*

An Stelle von $\tau(\phi)$ schreiben wir im folgenden $\phi(x_1,...,x_n)$.

Das Einsetzen von Elementen eines Banachverbands in stetige, positiv homogene Funktionen geht auf J.L.Krivine zurück. Wir bezeichnen diesen Formalismus daher auch als *Krivine-Kalkül*.

Bemerkung. Sei $\phi : \mathbf{R}_+^n \to \mathbf{R}_+$ eine stetige, positiv homogene Funktion. Dann läßt sich ϕ (nicht eindeutig) zu einer Funktion $\tilde{\phi} \in \mathcal{CP}_n$ fortsetzen. Sind nun $x_1, ..., x_n$ positive Elemente eines Banachverbands E, so erhalten wir wegen Eigenschaft (iv) in Satz 16.1 für jede solche Fortsetzung $\tilde{\phi}$ denselben Wert $\tilde{\phi}(x_1, ..., x_n)$. Auf diese Weise ist $\phi(x_1, ..., x_n) := \tilde{\phi}(x_1, ..., x_n)$ für Elemente $x_1, ..., x_n$ in E_+ erklärt und wohldefiniert.

Wir widmen uns nun dem Konzept der nicht-linearen Majorisierung von Operatoren, wie es von A.V.Bukhvalov ([**Bu**]) eingeführt wurde.

16.2 Definition. Es seien E und F Banachverbände. Weiter seien $S, R \in \mathcal{L}(E, F)$ positive Operatoren. Wir sagen, ein Operator $T \in \mathcal{L}(E, F)$ *wird von dem Paar* (S, R) *nicht-linear majorisiert*, wenn die folgende Aussage gilt:

(16.2) Es existiert eine Funktion $\phi \in (\mathcal{CP}_2)_+$ mit der Eigenschaft $|Tx| \le \phi(S|x|, R|x|)$ für jedes $x \in E$.

Ein Beispiel, wo dieses Konzept eine Rolle spielt, wird in [**Bu**] ausführlicher behandelt.

Bemerkungen. a) Aufgrund der obigen Bemerkung wird T genau dann von dem Paar (S, R) nicht-linear majorisiert, wenn es eine stetige, positiv homogene Funktion $\phi : \mathbf{R}_+^2 \to \mathbf{R}_+$ gibt, so daß $|Tx| \le \phi(S|x|, R|x|)$ für jedes $x \in E$ gilt.

b) Es sei F ein Banachfunktionenraum über einem σ-endlichen Maßraum (Ω, Σ, μ) (siehe §9). Dies ist zum Beispiel der Fall, wenn F ein Banachverband mit einer schwachen Ordnungseinheit und ordnungsstetiger Norm ist ([**LT2**], 1.b.14). In einer solchen Situation können wir eine nicht-lineare Majorisierungsbedingung für jede meßbare Funktion $\phi : \mathbf{R}_+^2 \to \mathbf{R}_+$ erklären. Da $\phi(S|x|, R|x|)$ für $x \in E$ im allgemeinen nicht mehr in F enthalten ist, haben wir die Bedingung $|Tx| \le \phi(S|x|, R|x|)$ als Ungleichung im Raum $L_0(\Omega, \Sigma, \mu)$ aller meßbaren, reellwertigen Funktionen (siehe §9) zu verstehen.

c) (vgl. [**Bu**], Thm.1) Es seien E und F Banachfunktionenräume über σ-endlichen Maßräumen (siehe §9). Weiter sei $\phi : \mathbf{R}_+^2 \to \mathbf{R}_+$ eine meßbare Funktion, die von einer durch eine AC-Funktion ρ erzeugte Funktion $\phi_\rho : \mathbf{R}_+^2 \to \mathbf{R}_+$ (siehe (5.8)) dominiert wird. Für die Definition von Kernoperatoren zwischen Banachfunktionenräumen verweisen wir auf [**Z**], Ch.13. Mit der von A.V.Bukhvalov stammenden Charakterisierung von Kernoperatoren (siehe [**Z**], 96.8) erhalten wir unmittelbar die folgende Aussage:

Sei $T \in \mathfrak{L}(E,F)$. Weiter seien S, $R \in \mathfrak{L}(E,F)$ positive Operatoren und es gelte $|Tx| \leq \phi(S|x|, R|x|)$ für jedes $x \in E_+$. Ist S ein Kernoperator, dann ist auch T ein Kernoperator.

Das folgende Resultat stellt eine Beziehung zwischen der nicht-linearen Majorisierung und der Ordnungsabsolutstetigkeit von Operatoren her.

16.3 Satz. *Es seien $S, R \in \mathfrak{L}(E,F)$ positive Operatoren zwischen Banachverbänden E und F. Weiter werde $T \in \mathfrak{L}(E,F)$ von dem Paar (S,R) nicht-linear majorisiert. Ist für die Funktion $\phi \in (\mathcal{CP}_2)_+$ in (16.2) zusätzlich $\phi(0,\eta) = 0$ für jedes $\eta \in \mathbb{R}_+$, dann gilt $T \ll_o (S,R)$ und $T' \ll_o (S',R')$.*

Beweis. Aus der Voraussetzung folgt die Existenz einer Funktion $\phi \in (\mathcal{CP}_2)_+$ derart, daß $\phi(0,\eta) = 0$ für alle $\eta \in \mathbb{R}_+$ und

$$(*) \qquad |Tx| \leq \phi(S|x|, R|x|) \ \text{ für jedes } x \in E$$

gilt. Aufgrund von Beispiel 5.8 und Lemma 5.7 existiert zu jedem $\varepsilon > 0$ ein $N_\varepsilon \geq 0$ derart, daß

$$(**) \qquad \phi(\xi,\eta) \leq N_\varepsilon \xi + \varepsilon\eta \ \text{ für alle } (\xi,\eta) \in \mathbb{R}^2_+$$

ist. Mit $(*)$, $(**)$ und Satz 16.1 erhalten wir

$$(***) \qquad |Tx| \leq N_\varepsilon S|x| + \varepsilon R|x| \quad \text{für jedes } x \in E.$$

Hieraus ergibt sich

$$\begin{aligned} \|Tx\| &\leq N_\varepsilon \|S|x|\| + \varepsilon \|R|x|\| \\ &= N_\varepsilon \sup_{|y|\leq|x|} \|Sy\| + \varepsilon \sup_{|y|\leq|x|} \|Ry\| \end{aligned}$$

für jedes $x \in E$ und es folgt $T \ll_o (S,R)$.
Andererseits können wir für $x \in B_E$ von $(***)$ auf die Beziehung

$$|Tx| \leq |T(x_+)| + |T(x_-)| \leq N_\varepsilon(S(x_+) + S(x_-)) + \varepsilon(R(x_+) + R(x_-))$$

schließen. Dann ist $TB_E \subseteq 2N_\varepsilon \operatorname{so} SB_E + 2\varepsilon \operatorname{so} RB_E$ und damit folgt $T' \ll_o (S',R')$ (Satz 12.4). ∎

Unser nächstes Resultat verdeutlicht den Zusammenhang zwischen der nicht-linearen und der linearen Majorisierung von Operatoren (vgl. [**Bu**], Thm.2). Wir erinnern an den Raum $\mathfrak{L}^r(E,F)$ der regulären Operatoren zwischen Banachverbänden E und F ((0.6)). Ist F ein ordnungsvollständiger Banachverband, dann ist $\mathfrak{L}^r(E,F)$, versehen mit der regulären Norm $\|T\|_r := \||T|\|$, $T \in \mathfrak{L}^r(E,F)$, ein ordnungsvollständiger Banachverband ([**S2**], IV.1.4).

16.4 Satz. *Es seien E und F Banachverbände und F sei ordnungsvollständig. Weiter seien $S, R \in \mathfrak{L}^r(E,F)$ positive Operatoren und $T \in \mathfrak{L}^r(E,F)$ werde von (S,R) nicht-linear majorisiert. Ist für die Funktion $\phi \in (\mathcal{CP}_2)_+$ in (16.2) zusätzlich $\phi(0,\eta) = 0$ für jedes $\eta \in \mathbf{R}_+$, dann liegt T in dem von S in $\mathfrak{L}^r(E,F)$ erzeugten abgeschlossenen Ideal.*

Beweis. Wie im Beweis von Satz 16.3 ergibt sich für $\varepsilon > 0$ die Existenz von $N_\varepsilon \geq 0$ derart, daß

$$|Tx| \leq N_\varepsilon S|x| + \varepsilon R|x| \quad \text{für jedes } x \in E$$

gilt. Dann ist $|T| \leq N_\varepsilon S + \varepsilon R$. Wir erhalten $(|T| - \varepsilon R)_+ \leq N_\varepsilon S$ und somit liegt $(|T| - \varepsilon R)_+$ in dem von S erzeugten Ideal. Außerdem gilt

$$0 \leq |T| - (|T| - \varepsilon R)_+ = \varepsilon R - (|T| - \varepsilon R)_- \leq \varepsilon R.$$

Damit folgt $\||T| - (|T| - \varepsilon R)_+\|_r \leq \varepsilon \|R\|$. Wir können somit $|T|$ in der regulären Norm durch Elemente aus dem von S erzeugten Ideal beliebig nahe approximieren. Dies beweist die Behauptung. ∎

Bemerkung. A.V.Bukhvalov betrachtet bei den in [**Bu**], §3, bewiesenen Erblichkeitsaussagen für nicht-linear majorisierte Operatoren ausschließlich Funktionen $\phi \in (\mathcal{CP}_2)_+$, welche die Voraussetzungen der Sätze 16.3 und 16.4 erfüllen.

17. Schwache Kompaktheit ordnungsabsolutstetiger Operatoren

In diesem Paragraphen untersuchen wir inwieweit sich schwache Kompaktheit auf ordnungsabsolutstetige Operatoren vererbt. Beispiel 14.1 zeigt, daß die zu einem schwach kompakten Operator ordnungsabsolutstetigen Operatoren im allgemeinen nicht schwach kompakt sind (siehe auch [**AB3**], Example 1, 2). Dies ändert sich, wenn wir zusätzliche Bedingungen an Räume und Operatoren stellen.

Wir bereiten die nachfolgenden Resultate mit einigen Bemerkungen vor.

Ein Banachverband E heißt *KB-Raum*, wenn E vermöge der Auswertungsabbildung ein Band in E'' ist ((0.8)). Diese Eigenschaft ist äquivalent zur schwachen Folgenvollständigkeit von E bzw. zur Nicht-Existenz eines zu c_0 isomorphen Untervektorverbands in E ((0.8)). Jeder KB-Raum besitzt ordnungsstetige Norm ([**S2**], II.5.15, II.5.14).

Ausschlaggebend für unsere Betrachtungen sind die beiden folgenden Ergebnisse von A.W.Wickstead und Y.A.Abramovich (siehe [**W**], Prop.2.1, [**AB6**], 13.8, 12.9, 14.12).

(17.1)
a) Ist E ein Banachverband mit ordnungsstetiger Norm und A eine relativ schwach kompakte Menge in E_+, dann ist die solide Hülle $\operatorname{so} A$ von A relativ schwach kompakt.
b) Ist E ein KB-Raum und A eine relativ schwach kompakte Menge in E, dann ist die solide Hülle $\operatorname{so} A$ von A relativ schwach kompakt.

Wir benötigen außerdem die folgende Aussage (siehe [**Ne2**], Lemma 3):

(17.2) Ist E ein Banachraum und wird $A \subseteq E$ von einer relativ schwach kompakten Menge $C \subseteq E$ fast absorbiert ((2.1)), dann ist A relativ schwach kompakt.

Die nun folgende Erblichkeitsaussage für ordnungsabsolutstetige Operatoren charakterisiert gleichzeitig Banachverbände mit ordnungsstetiger Dualnorm (vgl. [**W**], Thm.2.2, [**AB3**], Thm.7).

17.1 Satz. *Es sei E ein Banachverband. Dann sind die folgenden Aussagen äquivalent:*

a) *E' besitzt ordnungsstetige Norm.*
b) *Sind F und G Banachräume, $S \in \mathfrak{L}(E,G)$ ein schwach kompakter Operator und $T \in OAC(S;F)$, dann ist T schwach kompakt.*
c) *Ist $T \in \mathfrak{L}(E,l_1)$ ein positiver Operator und gilt $T \ll_o x'$ für ein $x' \in E'_+$, dann ist T schwach kompakt.*

Beweis. $a) \Rightarrow b)$: Seien F und G Banachräume, $S \in \mathfrak{L}(E,G)$ ein schwach kompakter Operator und $T \in OAC(S;F)$. Die Norm von E' ist genau dann ordnungsstetig, wenn E' ein KB-Raum ist (siehe [**AB6**], 14.11). Somit folgt mit (17.1 b)), daß $\operatorname{cv}\operatorname{so} S'B_{G'}$ relativ schwach kompakt ist. Nach (12.1) wird $T'B_{F'}$ von $\overline{\operatorname{cv}\operatorname{so} S'B_{G'}}^{\sigma(E',E)} = \overline{\operatorname{cv}\operatorname{so} S'B_{G'}}^{\sigma(E',E'')}$ fast absorbiert. Wegen (17.2) ist dann $T'B_{F'}$ relativ schwach kompakt und damit ist T ein schwach kompakter Operator.

Die Implikation $b) \Rightarrow c)$ ist trivial.

$c) \Rightarrow a)$: Nach einem Resultat von D.H.Fremlin und P.Meyer-Nieberg (siehe [**AB6**], 12.13) genügt es zu zeigen, daß jede ordnungsbeschränkte, orthogonale Folge in E'_+ eine Normnullfolge ist. Es seien also $x' \in E'_+$ und (x'_n) eine orthogonale Folge in $[0,x']$. Der Operator $T : E \to l_1 : x \mapsto (< x'_n, x >)$ ist positiv und wegen $T'B_{l_\infty} \subseteq [-x',x']$ gilt $T' \ll_o x'$ (Satz 12.1). Also ist T schwach kompakt. Bezeichnen wir mit (e_n) die Folge der kanonischen Einheitsvektoren in l_∞, dann ergibt sich $0 = \lim_n \|T'e_n\| = \lim_n \|x'_n\|$. ∎

Mit genau derselben Argumentation wie im Beweis der Implikation $a \Rightarrow b$) von Satz 17.1 (wir verwenden lediglich anstelle von (12.1) die Aussage (12.2)) erhalten wir das folgende Resultat.

17.2 Satz. *Es seien E ein KB-Raum und F und G Banachräume. Weiter seien Operatoren $S \in \mathfrak{L}(G,E)$ und $T \in OAC^{\text{dual}}(S;F)$ gegeben. Ist S schwach kompakt, dann ist auch T schwach kompakt.*

Bemerkung. Für $E = c_0$ gilt die Aussage von Satz 17.2 (siehe dazu [**AB6**], Exercise 13.12) obwohl E kein KB-Raum ist.

Jeder Operator von einem AL-Raum in einen KB-Raum ist regulär ([**S2**], IV.1.5, II.10.6). Satz 17.2 und Korollar 13.8 führen dann zu dem folgenden Resultat von C.D.Aliprantis und O.Burkinshaw ([**AB3**], Thm.9).

17.3 Korollar. *Ist F ein AL-Raum und E ein KB-Raum, dann bilden die schwach kompakten Operatoren von F nach E ein abgeschlossenes Verbandsideal in $\mathfrak{L}^r(F,E) = \mathfrak{L}(F,E)$.*

Schließlich möchten wir noch eine Erblichkeitsaussage zur schwachen Kompaktheit erwähnen, welche Banachverbände mit ordnungsstetiger Norm charakterisiert (vgl. [**W**], Thm.2.2, [**AB3**], Thm.7).

17.4 Satz. *Es sei E ein Banachverband. Dann sind die folgenden Aussagen äquivalent:*

a) *E besitzt ordnungsstetige Norm.*
b) *Ist F ein Banachraum, G ein Banachverband und $S \in \mathfrak{L}(G,E)$ ein positiver, schwach kompakter Operator, dann ist jeder Operator $T \in OAC^{\text{dual}}(S;F)$ schwach kompakt.*
c) *Ist $T \in \mathfrak{L}(c_0, E)$ ein positiver Operator und gilt $T' \ll_o S'$ für einen positiven Operator $S \in \mathfrak{L}(\mathbf{R}, E)$, dann ist T schwach kompakt.*

Beweis. Die Implikation $a) \Rightarrow b)$ ergibt sich mit denselben Argumenten wie in Satz 17.1. Wir verwenden lediglich (17.1 a)) anstelle von (17.1 b)).
Der Schluß von b) nach c) ist offensichtlich.
$c) \Rightarrow a)$: Wieder genügt es wie in Satz 17.1 nachzuweisen, daß jede ordnungsbeschränkte, orthogonale Folge in E_+ eine Norm-Nullfolge ist. Es seien also $x \in E_+$

und (x_n) eine orthogonale Folge in $[0,x]$. Setzen wir $T : c_0 \to E : (\xi_n) \mapsto \sum_{n\geq 1} \xi_n x_n$ und $S : \mathbf{R} \to E : \lambda \mapsto \lambda x$, so ist offenbar $TB_{c_0} \subseteq \text{so}\, SB_{\mathbf{R}} = [-x,x]$ und damit gilt $T' \ll_o S'$ (Satz 12.4). Nach Voraussetzung ist T schwach kompakt. Da jeder schwach kompakte Operator auf c_0 kompakt ist (dies liegt daran, daß in $l_1 = c_0'$ jede schwach kompakte Menge kompakt ist (siehe [**AB6**], 13.1)), ergibt sich für die Folge (e_n) der kanonischen Einheitsvektoren von c_0 die Beziehung $0 = \lim_n \|Te_n\| = \lim_n \|x_n\|$. ∎

Bemerkung. Das von A.V.Bukhvalov ([**Bu**], Thm.5) bewiesene Resultat zur schwachen Kompaktheit nicht-linear majorisierter Operatoren ergibt sich als Spezialfall aus den Sätzen 17.1 und 17.4 (man beachte dazu Satz 16.3).

C.D.Aliprantis und O.Burkinshaw zeigen in [**AB3**], Thm.5, daß die Verknüpfung von zwei positiven, schwach kompakt majorisierten Operatoren wieder schwach kompakt ist. Mit einer Verallgemeinerung dieses Ergebnisses wollen wir uns als nächstes beschäftigen.

Wir beginnen unsere Untersuchungen mit dem nachfolgenden Lemma. Für einen Banachverband E bezeichne I_E das von E in E'' erzeugte Ideal.

17.5 Lemma. *Es seien E und G Banachverbände und F ein Banachraum. Weiter sei $S \in \mathfrak{L}(G,E)$ ein positiver, schwach kompakter Operator und $T \in OAC^{\text{dual}}(S;F)$. Dann gilt $T''F'' \subseteq \overline{I_E}$.*

Beweis. Nach Satz 12.3 existiert zu jedem $\varepsilon > 0$ ein $N_\varepsilon \geq 0$ mit der Eigenschaft

$$(*) \qquad T''B_{F''} \subseteq N_\varepsilon\, \text{so}\, S''B_{G''} + \varepsilon B_{E''}.$$

Da S schwach kompakt ist, gilt $\text{so}\, S''B_{G''} \subseteq I_E$, und mit $(*)$ folgt dann $T''B_{F''} \subseteq \overline{I_E}$. Damit ist die Behauptung bewiesen. ∎

Wir werden später sehen (Beispiel 17.8), daß in Lemma 17.5 auf die Positivität von S im allgemeinen nicht verzichtet werden kann.

Mit Hilfe von Lemma 17.5 ergibt sich die folgende Verallgemeinerung des oben erwähnten Resultats von C.D.Aliprantis und O.Burkinshaw (vgl. [**GhJ**], Cor.II.7). Zuvor erinnern wir an die Definition ordnungsschwach kompakter Operatoren ((12.3)).

17.6 Theorem. *Es seien E und G_1 Banachverbände und F_1, F_2 und G_2 Banachräume. Weiter sei $S_1 \in \mathfrak{L}(G_1,E)$ ein positiver, schwach kompakter Operator und $S_2 \in \mathfrak{L}(E,G_2)$ ein ordnungsschwach kompakter Operator. Dann ist für beliebige Operatoren $T_1 \in OAC^{\text{dual}}(S_1;F_1)$ und $T_2 \in OAC(S_2;F_2)$ die Verknüpfung T_2T_1 schwach kompakt.*

Beweis. Es seien $T_1 \in OAC^{\text{dual}}(S_1; F_1)$ und $T_2 \in OAC(S_2; F_2)$ gegeben. Wegen Lemma 17.5 gilt $T_1''F_1'' \subseteq \overline{I_E}$. Aus Theorem 14.3 folgt, daß T_2 ordnungsschwach kompakt ist. Dies ist nach einem Ergebnis von P.G.Dodds ([**Do**], Thm.4.2) zu der Aussage $T_2''\overline{I_E} \subseteq F_2$ äquivalent. Wir erhalten also insgesamt $T_2''T_1''F_1'' \subseteq F_2$, woraus bekanntlich die schwache Kompaktheit des Operators T_2T_1 folgt. ∎

Da jeder schwach kompakte Operator ordnungsschwach kompakt ist, ergibt sich aus Theorem 17.6 unmittelbar die nachstehende Folgerung (vgl. [**AB3**], Thm.4).

17.7 Korollar. *Sei $S \in \mathfrak{L}(E)$ ein positiver, schwach kompakter Operator auf einem Banachverband E. Für jeden Operator $T \in OAC(S; E) \cap OAC^{\text{dual}}(S; E)$ ist dann T^2 schwach kompakt.*

Wir beschließen den Paragraphen mit einem Beispiel, welches zeigt, daß auf die Positivität der Operatoren S und S_1 in Lemma 17.5 und Theorem 17.6 im allgemeinen nicht verzichtet werden kann.

17.8 Beispiel. (Siehe auch Beispiel 12.6.) Es sei $E = c_0(L_1[0,1])$. Wir konstruieren Operatoren $S \in \mathfrak{L}(l_2, E)$ und $T \in \mathfrak{L}(l_1, E)$ derart, daß $T' \ll_o S'$ gilt und T nicht schwach kompakt ist. Hierzu betrachten wir die Elemente $x_n = (\xi_{n,m})_{m\in\mathbb{N}} \in E$, $n \in \mathbb{N}$, welche definiert sind durch $\xi_{n,m} := r_n$ für $1 \le m \le n$ und $\xi_{n,m} := 0$ für $m > n$, wobei r_n die n-te Rademacherfunktion auf $[0,1]$ bezeichnet. Da in $L_1[0,1]$ die Folge (r_n) zur kanonischen Basis von l_2 äquivalent ist ([**LT1**], 2.b.3), konvergiert für jedes $(\alpha_n) \in l_2$ die Reihe $\sum_{n\ge1} \alpha_n x_n$ in E. Es ist andererseits leicht zu sehen, daß $(|x_n|)$ keine schwach konvergente Teilfolge enthält. Wir betrachten nun die Operatoren

$$S : l_2 \to E : (\alpha_n) \mapsto \sum_{n\ge1} \alpha_n x_n \text{ und } T : l_1 \to E : (\beta_n) \mapsto \sum_{n\ge1} \beta_n |x_n|.$$

Offenbar gilt $TB_{l_1} \subseteq \overline{\text{cv so}\, SB_{l_2}}$ und somit ist $T' \ll_o S'$ (Satz 12.4). Der Operator T ist aber nicht schwach kompakt, denn sonst hätte $(|x_n|)$ eine schwach konvergente Teilfolge.

Wir zeigen nun, daß es in Lemma 17.5 und Theorem 17.6 nicht ausreicht, von S bzw. von S_1 lediglich die schwache Kompaktheit zu verlangen. Der Banachverband E besitzt ordnungsstetige Norm. Dann gilt $\overline{I_E} = I_E = E$ und die Identität Id_E auf E ist ein ordnungsschwach kompakter Operator ([**S2**], II.5.10). Da T ein nicht-schwach kompakter Operator ist, kann $T''l_1''$ nicht in $\overline{I_E}$ enthalten sein, und offenbar ist die Verknüpfung von T mit Id_E nicht schwach kompakt.

18. Kompaktheit ordnungsabsolutstetiger Operatoren

An Beispiel 14.1 sehen wir, daß sich Kompaktheit im allgemeinen nicht auf ordnungsabsolutstetige Operatoren überträgt. Im ersten Teil dieses Paragraphen zeigen wir, daß unter bestimmten Bedingungen an die betrachteten Räume, jeder zu einem kompakten Operator ordnungsabsolutstetige Operator wieder kompakt ist.

Hierfür benötigen wir noch einige Hilfsmittel und Bezeichnungen, auf die wir zunächst eingehen möchten.

(18.1) Ein Element x in einem Banachverband E heißt *Atom*, wenn das von x erzeugte Ideal $I_x := \bigcup_{n\geq 1} n[-|x|,|x|]$ eindimensional ist. E heißt *atomar*, wenn E mit dem von seinen Atomen erzeugten Band übereinstimmt.

Atomare Banachverbände mit ordnungsstetiger Norm lassen sich wie folgt charakterisieren (siehe [**AB1**], 21.13).

(18.2) Ein Banachverband E ist genau dann atomar und besitzt ordnungsstetige Norm, wenn die Ordnungsintervalle in E kompakt sind.

Der folgende Sachverhalt ist leicht nachzuweisen (siehe [**Ne2**], Lemma 3).

(18.3) Ist E ein Banachraum und wird $A \subseteq E$ von einer relativ kompakten Menge fast absorbiert ((2.1)), dann ist A relativ kompakt.

Die nachfolgende Erblichkeitsaussage charakterisiert gleichzeitig Banachverbände mit atomarem Dual und ordnungsstetiger Dualnorm (vgl. [**W**], Prop.2.4).

18.1 Satz. *Es sei E ein Banachverband. Dann sind die folgenden Aussagen äquivalent:*

a) *E' ist atomar und besitzt ordnungsstetige Norm.*

b) *Sind F und G Banachräume, $S \in \mathfrak{L}(E,G)$ ein kompakter Operator und $T \in OAC(S;F)$, dann ist T kompakt.*

c) *Ist F ein AL–Raum, $x' \in E'_+$ und $T \in OAC(x';F)$ ein positiver Operator, dann ist T kompakt.*

Beweis. *a)* $\Rightarrow$ *b)*: Sei $S \in \mathfrak{L}(E,G)$ ein kompakter Operator. Dann ist S' semikompakt. Also finden wir nach Lemma 14.4 und (12.1) eine Linearform $x' \in E'_+$ derart, daß zu jedem $\varepsilon > 0$ ein $N_\varepsilon \geq 0$ existiert mit der Eigenschaft

$$(*) \qquad S'B_{G'} \subseteq N_\varepsilon[-x',x'] + \varepsilon B_{E'}.$$

Da die rechts stehende Menge konvex und solid ist, folgt aus $(*)$, daß $\operatorname{cv}\operatorname{so} S'B_{G'}$ von $[-x',x']$ fast absorbiert wird. Nach Voraussetzung ist $[-x',x']$ kompakt ((18.2)).

Somit ist $\text{cv so}\, S'B_{G'}$ relativ kompakt ((18.3)). Ist nun $T \in OAC(S;F)$, so wird $T'B_{F'}$ von $\text{cv so}\, S'B_{G'}$ fast absorbiert ((12.1)). Wegen (18.3) ist dann die Menge $T'B_{F'}$ relativ kompakt. Dies beweist, daß T kompakt ist.

b) $\Rightarrow$ *c)* ist trivial.

c) $\Rightarrow$ *a)*: Es genügt zu zeigen, daß Ordnungsintervalle in E' kompakt sind ((18.1)). Sei dazu $x' \in E'_+$. Mit den Bezeichnungen aus (13.2) ist (E, x') ein AL-Raum und für den kanonischen Verbandshomomorphismus $j_{x'} : E \to (E, x')$ gilt $j_{x'} \ll_o x'$ (siehe (13.3)). Nach Voraussetzung ist $j_{x'}$ kompakt. Wegen $(j_{x'})'B_{(E,x')'} = [-x', x']$ (siehe (13.3)) ist dann $[-x', x']$ kompakt und damit ist die Behauptung bewiesen. ∎

Mit ähnlichen Argumenten erhalten wir eine zu Satz 18.1 duale Aussage (vgl. [**W**], Prop.2.3).

18.2 Satz. *Es sei E ein Banachverband. Dann sind die folgenden Aussagen äquivalent:*

a) *E ist atomar und besitzt ordnungsstetige Norm.*
b) *Sind F und G Banachräume, $S \in \mathfrak{L}(G, E)$ ein kompakter Operator und $T \in OAC^{\text{dual}}(S; F)$, dann ist T kompakt.*
c) *Ist F ein AM-Raum mit Einheit, $S \in \mathfrak{L}(\mathbf{R}, E)$ ein positiver Operator und $T \in OAC^{\text{dual}}(S; F)$, dann ist T kompakt.*

Im zweiten Teil des Paragraphen beschäftigen wir uns mit einem Resultat von P.G.Dodds und D.H.Fremlin ([**DoF**], Thm.4.5) und seinen Konsequenzen.

(18.4) *(Theorem von Dodds-Fremlin)* Sei $S \in \mathfrak{L}(E, F)$ ein positiver, kompakter Operator zwischen Banachverbänden E und F. Weiter besitze E' und F ordnungsstetige Norm. Dann ist jeder Operator $T \in \mathfrak{L}(E, F)$ mit der Eigenschaft $0 \le T \le S$ kompakt.

Die nachfolgenden Beispiele zeigen, daß eine entsprechende Aussage für Operatoren, die ordnungsabsolutstetig zueinander sind, im allgemeinen nicht gilt.

18.3 Beispiele. a) Sei e die konstante Funktion eins auf $[0,1]$. Es bezeichne $i : L_\infty[0,1] \to L_1[0,1]$ die kanonische Injektion. Weiter sei der Operator $e \otimes e : L_\infty[0,1] \to L_1[0,1]$ vom Rang eins gegeben durch $(e \otimes e)f := (\int_0^1 f(t)dt)e$. Die Räume $L_\infty[0,1]'$ und $L_1[0,1]$ besitzen dann ordnungsstetige Norm und es gilt $i \in OAC(e \otimes e; L_1[0,1]) \cap OAC^{\text{dual}}(e \otimes e; L_\infty[0,1])$. Die Abbildung i ist jedoch nicht kompakt.

b) (siehe [**CG**], Example 2) Sei (r_n) die Folge der Rademacherfunktionen auf dem Intervall $[0,1]$ (siehe [**LT1**], S.24). Mit $\mathfrak{F}$ bezeichnen wir die Menge aller endlichen Teilmengen von $\mathbf{N}$. Das System $(\prod_{n\in F} r_n)_{F\in\mathfrak{F}}$ der Walsh-Funktionen ist eine Orthonormalbasis von $L_2[0,1]$ (für $F = \emptyset$ sei $\prod_{n\in F} r_n := e$ die konstante Funktion eins). Durch $T(\prod_{n\in F} r_n) := 2^{-|F|}\prod_{n\in F} r_n$, $F \in \mathfrak{F}$, ist ein selbstadjungierter Operator T auf $L_2[0,1]$ gegeben (dabei bezeichne $|F|$ die Mächtigkeit von F). Der Operator T ist semikompakt (siehe [**CG**], Example 2), aber nicht kompakt. Andererseits ergibt sich aus der Semikompaktheit und der Selbstadjungiertheit von T die Beziehung $T \in OAC(e\otimes e; L_2[0,1]) \cap OAC^{\text{dual}}(e\otimes e; L_2[0,1])$, wobei $e\otimes e \in \mathfrak{L}(L_2[0,1])$ wie in a) definiert ist.

c) Es sei $1 < p < r < \infty$. Dann ist die kanonische Einbettung $i : L_r[0,1] \to L_p[0,1]$ und ihre Adjungierte i' semikompakt (siehe [**Z**], 129.7). Bezeichnet e die konstante Funktion eins auf $[0,1]$ und ist $e\otimes e : L_r[0,1] \to L_p[0,1]$ wie in a) definiert, so ergibt sich $i \in OAC(e\otimes e; L_p[0,1]) \cap OAC^{\text{dual}}(e\otimes e; L_r[0,1])$. Offensichtlich ist aber i nicht kompakt.

Wir sehen, daß die Ordnungsabsolutstetigkeit zwischen Operatoren T und S nicht ausreicht, um eine zum Theorem von Dodds-Fremlin analoge Aussage erwarten zu können. Dies ändert sich, wenn wir zusätzlich fordern, daß T in dem von $|S|$ erzeugten Band liegt.

Bevor wir uns diesem Ergebnis zuwenden, möchten wir einige, für den Beweis wichtige Hilfsmittel bereitstellen.

(18.5) Sei E ein Banachverband und F ein Banachraum. Ein Operator $T \in \mathfrak{L}(E,F)$ heißt *AM-kompakt*, wenn T ordnungsbeschränkte Mengen in E in relativ kompakte Mengen in F abbildet.

Von zentraler Bedeutung für unsere Untersuchungen ist das nachfolgende Resultat von P.G.Dodds und D.H.Fremlin ([**DoF**], Thm.4.7).

(18.6) Sind E und F Banachverbände und besitzt F ordnungsstetige Norm, dann bilden die regulären, AM-kompakten Operatoren ein Band in $\mathfrak{L}^r(E,F)$.

Varianten der nachfolgenden Aussage wurden verschiedentlich verwendet. Wir geben hier einen Spezialfall von [**GMN**], Prop.2, an.

(18.7) Sei E ein Banachverband. Weiter sei $p : E \to \mathbf{R}_+$ eine stetige Halbnorm, so daß für jede beschränkte, orthogonale Folge (x_n) in E die Bedingung $\lim_n p(x_n) = 0$ erfüllt ist. Dann existiert zu jedem $\varepsilon > 0$ ein $x_\varepsilon \in E_+$ derart, daß $B_E \subseteq [-x_\varepsilon, x_\varepsilon] + \varepsilon B_{(E,p)}$ gilt, wobei $B_{(E,p)} := \{x \in E : p(x) \le 1\}$ ist.

Ist $T \in \mathfrak{L}(E,F)$ ein M-schwach kompakter Operator ((14.1)) von einem Banachverband E in einen Banachraum F, so erfüllt die Halbnorm $p_T : E \to \mathbb{R}_+ : x \mapsto \|Tx\|$ die Voraussetzungen von (18.7). Damit ergibt sich der folgende Sachverhalt.

(18.8) Sei $T \in \mathfrak{L}(E,F)$ ein M-schwach kompakter Operator von einem Banachverband E in einen Banachraum F. Die Halbnorm p_T auf E sei wie oben definiert. Dann existiert zu jedem $\varepsilon > 0$ ein $x_\varepsilon \in E_+$, so daß $B_E \subseteq [-x_\varepsilon, x_\varepsilon] + \varepsilon B_{(E,p_T)}$ gilt.

Aus (18.8) und (18.5) folgt unmittelbar das nachstehende Ergebnis (siehe [**MN3**], 13.7).

(18.9) Sei E ein Banachverband und F ein Banachraum. Ist $T \in \mathfrak{L}(E,F)$ AM-kompakt und M-schwach kompakt, dann ist T kompakt.

Schließlich möchten wir noch eine Folgerung aus Resultaten von P.G.Dodds und D.H.Fremlin ([**DoF**], Thm.5.2) und P.Meyer-Nieberg ([**MN1**], Satz II.2) erwähnen.

(18.10) Es seien E und F Banachverbände und E' und F besitze ordnungsstetige Norm. Dann sind für einen regulären Operator $T \in \mathfrak{L}^r(E,F)$ die folgenden Aussagen äquivalent:

a) T ist M-schwach kompakt.
b) T ist semikompakt.
c) T' ist M-schwach kompakt.
d) T' ist semikompakt.

Wir kommen nun zu der angekündigten Verallgemeinerung des Theorems von Dodds-Fremlin ((18.4)).

18.4 Theorem. *Es seien E und F Banachverbände derart, daß E' und F ordnungsstetige Norm besitzen. Weiter seien reguläre Operatoren $T, S \in \mathfrak{L}^r(E,F)$ gegeben, so daß T in dem von $|S|$ in $\mathfrak{L}^r(E,F)$ erzeugten Band liegt und $T \ll_o S$ oder $T' \ll_o S'$ gilt. Ist unter diesen Voraussetzungen S kompakt, dann ist auch T kompakt.*

Beweis. Die Kompaktheit von S impliziert, daß S und S' semikompakt sind. Aus der Bedingung $T \ll_o S$ ergibt sich dann die Semikompaktheit von T', und aus $T' \ll_o S'$ können wir auf die Semikompaktheit von T schließen (siehe Satz 14.5 und die daran anschließende Bemerkung). Mit (18.10) folgt dann, daß T M-schwach kompakt ist. Da T in dem von $|S|$ erzeugten Band liegt und S kompakt ist, erhalten wir aus (18.6), daß T AM-kompakt ist. Somit ist T AM-kompakt und M-schwach kompakt und damit nach (18.9) kompakt. ∎

Bemerkung. Als Folgerung aus Theorem 18.4 erhalten wir ein Ergebnis von A.V. Bukhvalov ([**Bu**], Thm.4) zur Kompaktheit nicht-linear majorisierter Operatoren (siehe dazu auch Satz 16.3 und Satz 16.4).

C.D.Aliprantis und O.Burkinshaw zeigen in [**AB2**], daß für jeden positiven, kompakt majorisierten Operator T von einem Banachverband E in sich, die dritte Potenz T^3 wieder kompakt ist. Verallgemeinerungen hiervon wurden unter anderem von C.D.Aliprantis und O.Burkinshaw ([**AB5**], Thm.3.5), W.Haid ([**H**], Satz 3.23, siehe auch [**S3**], Thm.E) und P.Meyer-Nieberg ([**MN3**], 13.16) bewiesen. Diese Resultate beschäftigen sich jedoch ausnahmslos mit positiven Operatoren zwischen Banachverbänden, welche von Operatoren mit bestimmten Kompaktheitseigenschaften dominiert werden.

Wir werden sehen (Theorem 18.7), daß sich diese Voraussetzungen beträchtlich abschwächen lassen.

Ausschlaggebend hierfür sind zwei Faktorisierungsmethoden, die von N.Ghoussoub und W.B.Johnson ([**GhJ**]) und von C.D.Aliprantis und O.Burkinshaw ([**AB5**]) genauer untersucht wurden. Dabei handelt es sich zum einen ((18.11)) um die Ghoussoub-Johnson-Faktorisierung aus Beispiel 11.8 und zum anderen ((18.12)) um den Spezialfall der Davis-Figiel-Johnson-Pełczyński-Faktorisierung aus Beispiel 11.9 (siehe auch Beispiel 1.6). Die für uns relevanten Ergebnisse aus den Arbeiten [**GhJ**] und [**AB5**] fassen wir kurz zusammen.

Wir beginnen mit einer Folgerung aus [**GhJ**], Thm.I.2 b).

(18.11) Es sei $T \in \mathfrak{L}(E,F)$ ein ordnungsschwach kompakter Operator (siehe (12.3)) von einem Banachverband E in einen Banachraum F. Dann läßt sich T über einen Banachverband G mit ordnungsstetiger Norm faktorisieren. Genauer existieren ein Verbandshomomorphismus $U \in \mathfrak{L}(E,G)$ und ein Operator $V \in \mathfrak{L}(G,F)$, so daß $T = VU$ gilt.

Ein positiver Operator V zwischen Banachverbänden G und F heißt ***intervallerhaltend***, wenn für jedes $x \in G_+$ die Beziehung $V[0,x] = [0,Vx]$ gilt. Der Beweis von [**GhJ**], Thm.I.6, führt zu der nachstehenden Aussage.

(18.12) Es sei $T \in \mathfrak{L}(E,F)$ ein Operator von einem Banachraum E in einen Banachverband F und die Adjungierte T' sei c_0-singulär (§4). Dann läßt sich T über einen Banachverband G mit ordnungsstetiger Dualnorm faktorisieren. Genauer existieren ein Operator $U \in \mathfrak{L}(E,G)$ und ein intervallerhaltender Verbandshomomorphismus $V \in \mathfrak{L}(G,F)$, so daß $T = VU$ ist.

Ist (x_n) eine zur kanonischen Basis von c_0 äquivalente Folge in einem Banachraum, so ist die Folge $(\sum_{k=1}^{n} x_k)$ beschränkt. Hiermit folgt, daß für einen Banachverband F jede orthogonale, zur kanonischen c_0-Basis äquivalente Folge in F'_+ ordnungsbeschränkt ist. Falls nun $T \in \mathfrak{L}(E, F)$ ein Operator von einem Banachraum E in einen Banachverband F mit ordnungsschwach kompakter Adjungierte T' ist, muß T' c_0-singulär sein (siehe [**GhJ**], Thm.I.3, [**Do**], Thm.4.2). Umgekehrt haben wir schon im Beweis von Lemma 14.2 gesehen, daß jeder c_0-singuläre Operator auf einem Banachverband ordnungsschwach kompakt ist. Insgesamt erhalten wir damit die folgende Aussage.

(18.13) Es sei $T \in \mathfrak{L}(E, F)$ ein Operator von einem Banachraum E in einen Banachverband F. Die Adjungierte $T' \in \mathfrak{L}(F', E')$ ist genau dann c_0-singulär, wenn T' ordnungsschwach kompakt ist.

Für den Beweis des nächsten Theorems stellen wir die beiden folgenden Lemmata bereit.

18.5 Lemma. *Es seien E und G Banachverbände und $V \in \mathfrak{L}(G, E)$ sei ein intervallerhaltender Verbandshomomorphismus. Dann ist $V' \in \mathfrak{L}(E', G')$ ein ordnungsstetiger Verbandshomomorphismus.*

Beweis. Aus der Voraussetzung folgt, daß V' ein intervallerhaltender Verbandshomomorphismus ist (siehe [**AB6**], 7.7, 7.8). Dann ist $V'E'$ ein Ideal in G' und $\ker V'$ ist ein $\sigma(E', E)$-abgeschlossenes Ideal in E' und damit ein Band (siehe dazu [**S2**], II.5.5 Cor.1). Nach [**AB6**], 7.9, ist $V' : E' \to V'E'$ ordnungsstetig. Da $V'E'$ ein Ideal in G' ist, erhalten wir die Ordnungsstetigkeit von $V' : E' \to G'$. ∎

Das zweite Lemma ergibt sich unmittelbar aus Ergebnissen von W.Arendt (siehe [**AB6**], 7.4) und von C.D.Aliprantis, O.Burkinshaw und P.Kranz (siehe [**AB6**], 7.5).

18.6 Lemma. *Es seien E, F, G und H ordnungsvollständige Banachverbände. Weiter sei $Q \in \mathfrak{L}(G, E)$ intervallerhaltend und $R \in \mathfrak{L}(F, H)$ sei ein ordnungsstetiger Verbandshomomorphismus. Dann ist die Abbildung $T \mapsto RTQ$ von $\mathfrak{L}^r(E, F)$ nach $\mathfrak{L}^r(G, H)$ ein Verbandshomomorphismus.*

Wir kommen nun zu unserem nächsten Theorem. Es verallgemeinert Ergebnisse von C.D.Aliprantis und O.Burkinshaw ([**AB2**], Thm.2.4, Thm.2.5, [**AB5**], Thm.3.5, Thm.3.6), W.Haid ([**H**], Satz 3.23, siehe auch [**S3**], Thm.E) und P.Meyer-Nieberg ([**MN3**], 13.16, 13.17).

18.7 Theorem. *Es seien X und Y Banachräume und E und F Banachverbände. Weiter seien für Operatoren $T_1 \in \mathfrak{L}(X,E)$, $T_2 \in \mathfrak{L}^r(E,F)$ und $T_3 \in \mathfrak{L}(F,Y)$ die nachstehenden Bedingungen erfüllt:*

(i) *$T_1' \ll_o S_1'$ für einen Operator S_1 von einem Banachraum X_1 nach E mit ordnungsschwach kompakter Adjungierte S_1',*

(ii) *es existiert ein kompakter Operator $S_2 \in \mathfrak{L}^r(E,F)$ derart, daß T_2' in dem von $|S_2'|$ in $\mathfrak{L}^r(F',E')$ erzeugten abgeschlossenen Ideal liegt und $T_2 \ll_o S_2$ oder $T_2' \ll_o S_2'$ gilt,*

(iii) *$T_3 \ll_o S_3$ für einen ordnungsschwach kompakten Operator S_3 von F in einen Banachraum Y_3.*

Dann gelten die folgenden Aussagen:

a) *$T_3T_2T_1$ ist kompakt.*

b) *Besitzt F ordnungsstetige Norm, so ist T_2T_1 kompakt.*

c) *Besitzt E' ordnungsstetige Norm, so ist T_3T_2 kompakt.*

Beweis. Wir beweisen zunächst Aussage a). Aus (i) und Theorem 14.3 b) folgt, daß T_1' ordnungsschwach kompakt ist. Also existieren wegen (18.13) und (18.12) ein Banachverband G_1 und Operatoren $U_1 \in \mathfrak{L}(X,G_1)$ und $V_1 \in \mathfrak{L}(G_1,E)$ derart, daß G_1' ordnungsstetige Norm besitzt, V_1 ein intervallerhaltender Verbandshomomorphismus ist und $T = V_1U_1$ gilt. Aus Bedingung (iii) folgt mit Theorem 14.3 b), daß T_3 ordnungsschwach kompakt ist. Wegen (18.11) existieren dann ein Banachverband G_3 mit ordnungsstetiger Norm, ein Verbandshomomorphismus $U_3 \in \mathfrak{L}(F,G_3)$ und ein Operator $V_3 \in \mathfrak{L}(G_3,Y)$, so daß $T_3 = V_3U_3$ ist. Nach Lemma 18.5 ist $V_1' : E' \to G_1'$ ein ordnungsstetiger Verbandshomomorphismus. Weiter ist U_3' als Adjungierte eines Verbandshomomorphismus intervallerhaltend (siehe [**AB6**], 7.8). Aus Voraussetzung (ii) folgt mit Lemma 18.6, daß $V_1'T_2'U_3'$ in dem von $|V_1'S_2'U_3'|$ in $\mathfrak{L}^r(G_3',G_1')$ erzeugten abgeschlossenen Ideal liegt. Da S_2' kompakt ist und G_1' ordnungsstetige Norm besitzt, erhalten wir mit (18.6), daß $V_1'T_2'U_3'$ AM-kompakt ist.
Andererseits ergibt sich aus der Kompaktheit von S_2 und der Bedingung $T_2 \ll_o S_2$ (bzw. $T_2' \ll_o S_2'$) die Semikompaktheit von T_2' (bzw. T_2) (siehe Satz 14.5 und die daran anschließende Bemerkung). Aufgrund der Positivität der Operatoren V_1 und U_3 können wir hiermit auf die Semikompaktheit von $(U_3T_2V_1)'$ (bzw. $U_3T_2V_1$) schließen. Da die Normen von G_1' und G_3 ordnungsstetig sind, folgt mit (18.10), daß $U_3T_2V_1 \in \mathfrak{L}^r(G_1,G_3)$ eine M-schwach kompakte Adjungierte besitzt.
Somit ist $(U_3T_2V_1)'$ AM-kompakt und M-schwach kompakt und damit nach (18.9) kompakt. Hieraus ergibt sich schließlich die Kompaktheit von $T_3T_2T_1 = V_3U_3T_2V_1U_1$.
Besitzt F ordnungsstetige Norm, so erfüllen $T_3 = S_3 = Id_F$ Bedingung (iii) (siehe [**S2**], II.5.10). Damit ergibt sich Aussage b) aus a).

Ist die Norm von E' ordnungsstetig, dann erfüllen $T_1 = S_1 = Id_E$ Bedingung (i). Somit folgt c) ebenfalls aus a). ∎

Bemerkungen. a) In den folgenden Fällen ist ein Operator $S \in \mathfrak{L}(E,F)$ von einem Banachverband E in einen Banachraum F ordnungsschwach kompakt:

(i) S ist schwach kompakt.

(ii) S ist c_0-singulär (siehe Beweis von Lemma 14.2).

(iii) S ist ein Dunford-Pettis-Operator. (Jede ordnungsbeschränkte, orthogonale Folge (x_n) in E konvergiert schwach gegen Null und damit gilt $\lim_n \|Sx_n\| = 0$. Nach (14.2) ist dann S ordnungsschwach kompakt.)

(iv) S' ist semikompakt. (Ist nämlich (x_n) eine ordnungsbeschränkte, orthogonale Folge in E, so konvergiert $(|x_n|)$ schwach gegen Null. Da $S'B_{F'}$ fast ordnungsbeschränkt ist ((14.5)), konvergiert $(|x_n|)$ und damit auch (x_n) gleichmäßig auf $S'B_{F'}$ gegen Null. Hieraus folgt $\lim_n \|Sx_n\| = 0$ und wieder ergibt sich mit (14.2) daß S ordnungsschwach kompakt ist.)

b) Für einen Operator $S \in \mathfrak{L}(E,F)$ von einem Banachraum E in einen Banachverband F erhalten wir aus Bemerkung a) Bedingungen, unter denen S' ordnungsschwach kompakt ist. Darüber hinaus besitzt S' diese Eigenschaft in den folgenden Fällen:

(i) S ist semikompakt. (Man überlegt sich leicht, daß mit S auch S'' semikompakt ist und die Behauptung folgt dann aus Bemerkung a).)

(ii) In E existiert kein komplementierter, zu l_1 isomorpher Teilraum Z derart, daß $S_{|Z}$ ein Isomorphismus ist. (Aus dieser Eigenschaft folgt, daß S' c_0-singulär ist (siehe Beweis von [**GhJ**], Thm.I.6) und somit ergibt sich die Behauptung aus Bemerkung a).) Insbesondere ist also für jeden l_1-singulären Operator S die Adjungierte S' ordnungsschwach kompakt.

Ist $S \in \mathfrak{L}(E,F)$ ein kompakter Operator zwischen Banachverbänden E und F, so ist jeder Operator $T \in OAC(S;F)$ ordnungsschwach kompakt und für jeden Operator $T \in OAC^{\mathrm{dual}}(S;E)$ ist T' ordnungsschwach kompakt (siehe Theorem 14.3 c)). Aus Theorem 18.7 und Theorem 18.4 erhalten wir dann die nachstehende Verallgemeinerung von Resultaten von C.D.Aliprantis und O.Burkinshaw ([**AB2**], Thm.2.1, Thm.2.2).

18.8 Korollar. *Sei E ein Banachverband. Weiter seien $T,S \in \mathfrak{L}^r(E)$ reguläre Operatoren, so daß T' in dem von $|S'|$ in $\mathfrak{L}^r(E')$ erzeugten abgeschlossenen Ideal und T in $OAC(S;E) \cap OAC^{\mathrm{dual}}(S;E)$ liegt. Ist S ein kompakter Operator, dann gelten die folgenden Aussagen:*

a) *T^3 ist kompakt.*

b) *Besitzt E oder E' ordnungsstetige Norm, so ist T^2 kompakt.*

c) *Besitzen E und E' ordnungsstetige Norm, so ist T kompakt.*

19. Die Dunford-Pettis-Eigenschaft für ordnungsabsolutstetige Operatoren

Wir erinnern, daß ein Operator $T \in \mathfrak{L}(E, F)$ zwischen Banachräumen E und F ein Dunford-Pettis-Operator ist, wenn T schwache Nullfolgen in E in Norm-Nullfolgen abbildet (§4).

Wir können leicht Beispiele finden, aus denen hervorgeht, daß sich die Dunford-Pettis-Eigenschaft im allgemeinen nicht auf ordnungsabsolutstetige Operatoren überträgt (siehe Beispiel 14.1, Beispiel 18.3 c), [**AB4**], Example 2.1). In unserem ersten Resultat charakterisieren wir Banachverbände E mit der Eigenschaft, daß jeder zu einem Dunford-Pettis-Operator ordnungsabsolutstetige Operator auf E wieder ein Dunford-Pettis-Operator ist.

Zuvor führen wir die folgende Bezeichnungsweise ein.

(19.1) Wir sagen, die Verbandsoperationen auf einem Banachverband E sind *schwach folgenstetig*, wenn für jede $\sigma(E, E')$-Nullfolge (x_n) in E auch $(|x_n|)$ eine $\sigma(E, E')$-Nullfolge ist.

In jedem AM-Raum sind die Verbandsoperationen schwach folgenstetig (siehe [**S2**], II.7.6).

Es gilt nun der folgende Satz (vgl. [**AB6**], 19.10).

19.1 Satz. *Sei E ein Banachverband. Dann sind die folgenden Aussagen äquivalent:*

a) *Die Verbandsoperationen auf E sind schwach folgenstetig.*

b) *Sind F und G Banachräume, $S \in \mathfrak{L}(E, G)$ ein Dunford-Pettis-Operator und $T \in OAC(S; F)$, so ist auch T ein Dunford-Pettis-Operator.*

Beweis. a) $\Rightarrow$ b): Es seien F und G Banachräume und $S \in \mathfrak{L}(E, G)$ sei ein Dunford-Pettis-Operator. Weiter sei (x_n) eine $\sigma(E, E')$-Nullfolge. Aufgrund der Voraussetzung ist $(|x_n|)$ eine $\sigma(E, E')$-Nullfolge und damit auch jede Folge (y_n) in E mit der Eigenschaft $|y_n| \leq |x_n|$, $n \in \mathbb{N}$. Da S ein Dunford-Pettis-Operator ist, ergibt sich hiermit

$$(*) \qquad \lim_n \sup_{|z_n| \leq |x_n|} \|Sz_n\| = 0.$$

Ist nun $T \in OAC(S;F)$, dann existiert zu jedem $\varepsilon > 0$ ein $N_\varepsilon \geq 0$, so daß für jedes $n \in \mathbb{N}$

$$\|Tx_n\| \leq N_\varepsilon \sup_{|z_n| \leq |x_n|} \|Sz_n\| + \varepsilon \|x_n\|$$

gilt ((11.2)). Zusammen mit (*) folgt hieraus $\lim_n \|Tx_n\| = 0$. Somit ist T ein Dunford-Pettis-Operator.

b) $\Rightarrow$ *a)*: Sei (x_n) eine $\sigma(E,E')$-Nullfolge in E. Weiter sei $x' \in E'_+$ und $j_{x'} : E \to (E,x')$ sei wie in (13.2) gegeben. Es gilt $j_{x'} \ll_o x'$ ((13.3)). Offensichtlich ist x' ein Dunford-Pettis-Operator und somit ist nach Voraussetzung auch $j_{x'}$ ein Dunford-Pettis-Operator. Hieraus folgt

$$0 = \lim_n \|j_{x'} x_n\| = \lim_n \sup_{|y_n| \leq |x_n|} < x', y_n > = \lim_n < x', |x_n| >,$$

wobei die letzte Gleichheit wegen [**S2**], II.4.2, Cor.1, gilt (siehe auch (0.5)). Dies zeigt, daß $(|x_n|)$ eine $\sigma(E,E')$-Nullfolge ist, und damit ist der Satz bewiesen. ∎

Nach einem Resultat von N.J.Kalton und P.Saab ([**KaS**], Thm.4.4) ist jeder positive Operator T, welcher Werte in einem Banachverband mit ordnungsstetiger Norm annimmt und von einem Dunford-Pettis-Operator majorisiert wird, selbst ein Dunford-Pettis-Operator. Es gilt damit die folgende Aussage.

(19.2) *(Theorem von Kalton-Saab)* Es seien E und F Banachverbände und F besitze ordnungsstetige Norm. Weiter sei $S \in \mathfrak{L}(E,F)$ ein positiver Dunford-Pettis-Operator und $T \in \mathfrak{L}^r(E,F)$ liege in dem von S in $\mathfrak{L}^r(E,F)$ erzeugten abgeschlossenen Ideal. Dann ist T ein Dunford-Pettis-Operator.

Hieraus erhalten wir leicht das nachstehende Resultat (vgl. [**KaS**], Thm.4.6).

19.2 Satz. *Es seien E und F Banachverbände und Y ein Banachraum. Weiter seien Operatoren $T_1, S_1 \in \mathfrak{L}^r(E,F)$ und $T_2, S_2 \in \mathfrak{L}(F,Y)$ mit den folgenden Eigenschaften gegeben:*

(i) *S_1 ist ein positiver Dunford-Pettis-Operator und T_1 liegt in dem von S_1 in $\mathfrak{L}^r(E,F)$ erzeugten abgeschlossenen Ideal,*

(ii) *S_2 ist ordnungsschwach kompakt und es gilt $T_2 \in OAC(S_2;Y)$.*

Dann ist T_2T_1 ein Dunford-Pettis-Operator.

Beweis. Aus Bedingung (ii) folgt, daß T_2 ordnungsschwach kompakt ist. Nach (18.11) existieren ein Banachverband G mit ordnungsstetiger Norm, ein Verbandshomomorphismus $U \in \mathfrak{L}(F,G)$ und ein Operator $V \in \mathfrak{L}(G,Y)$, so daß $T_2 = VU$ gilt.

Mit (i) ergibt sich, daß VT_1 in dem von VS_1 in $\mathfrak{L}^r(E,G)$ erzeugten abgeschlossenen Ideal liegt. Wegen (19.2) ist dann VT_1 ein Dunford-Pettis-Operator und damit ist auch $T_2T_1 = UVT_1$ ein Dunford-Pettis-Operator. ∎

Die Aussage (19.2) gilt für nicht-positive Operatoren S im allgemeinen nicht mehr. Wir erwähnen hierzu das folgende, von U.Krengel stammende Beispiel (siehe Beispiel 13.6, **[S2]**, IV.1, Example 2).

19.3 Beispiel. Sei $E := c_0(l_2^{2^n})$. Dann ist E ein Banachverband mit ordnungsstetiger Norm und es existiert ein kompakter Operator $S \in \mathfrak{L}^r(E)$, so daß $T := |S|$ nicht kompakt ist. Da E keinen zu l_1 isomorphen Teilraum enthält, ist jeder Dunford-Pettis-Operator auf E kompakt (siehe **[AB6]**, 19.2). Somit ist S ein Dunford-Pettis-Operator, T liegt in dem von $|S|$ in $\mathfrak{L}^r(E)$ erzeugten Ideal und T ist kein Dunford-Pettis-Operator.

Andererseits können wir aus den Bedingungen $T \ll_o S$ und $T' \ll_o S'$, selbst wenn T und S positive Operatoren zwischen reflexiven Banachverbänden sind, nicht schließen, daß mit S auch T ein Dunford-Pettis-Operator ist (siehe Beispiel 18.3 c)).

Wir stellen das folgende Problem.

Problem. Es seien E und F Banachverbände und F besitze ordnungsstetige Norm. Weiter seien $T, S \in \mathfrak{L}^r(E,F)$ reguläre Operatoren, so daß T in dem von $|S|$ in $\mathfrak{L}^r(E,F)$ erzeugten abgeschlossenen Ideal liegt und $T \in OAC(S;F)$ gilt. Falls S ein Dunford-Pettis-Operator ist, besitzt dann auch T die Dunford-Pettis-Eigenschaft?

Nach Satz 19.1 ist dies stets der Fall, wenn die Verbandsoperationen auf E schwach folgenstetig sind.

Eine weitere Teilantwort auf diese Frage gibt unser nächstes Resultat.

19.4 Satz. *Seien E und F Banachverbände. Der Raum E enthalte keinen zu $C[0,1]$ isomorphen Teilraum und F besitze ordnungsstetige Norm. Weiter sei $S \in \mathfrak{L}^r(E,F)$ ein Dunford-Pettis-Operator. Liegt $T \in \mathfrak{L}^r(E,F)$ in dem von $|S|$ in $\mathfrak{L}^r(E,F)$ erzeugten Band und gilt $T \in OAC(S;F)$, dann ist T ein Dunford-Pettis-Operator.*

Beweis. Der Operator $T \in \mathfrak{L}^r(E,F)$ erfülle die Voraussetzungen von oben. Sei (x_n) eine schwache Nullfolge in E. Mit A bezeichnen wir die abgeschlossene, konvexe, solide Hülle der Menge $\{x_n : n \in \mathbb{N}\}$. Wir betrachten $E_A := \bigcup_{n\in\mathbb{N}} nA$, versehen mit dem Eichfunktional von A als Norm. E_A ist ein Banachverband und die kanonische Injektion $i_A : E_A \to E$ ist intervallerhaltend. Aus der Definition der Ordnungsabsolutstetigkeit ((11.3)) folgt unmittelbar, daß mit $T \ll_o S$ auch die Beziehung

$Ti_A \ll_o Si_A$ gilt. Nun ist jede orthogonale Folge in A eine $\sigma(E,E')$-Nullfolge (siehe [**AB6**], 13.3). Da S ein Dunford-Pettis-Operator ist, bildet Si_A beschränkte, orthogonale Folgen in E_A in Norm-Nullfolgen ab, d.h. Si_A ist M-schwach kompakt ((14.1)). Wegen $Ti_A \ll_o Si_A$ ist dann auch Ti_A M-schwach kompakt (Theorem 14.3).
Andererseits impliziert (nach einem Resultat von N.Ghoussoub und W.B.Johnson ([**GhJ**], Cor.II.4)) die in den Voraussetzungen an E gestellte Bedingung, daß Ordnungsintervalle in E schwach folgenpräkompakt sind ((14.6)). Da S die Dunford-Pettis-Eigenschaft besitzt, bildet dann S ordnungsbeschränkte Mengen in relativ kompakte Mengen ab (siehe [**AB6**], 19.1), d.h. S ist AM-kompakt ((18.5)). Nach (18.6) ist T und damit auch Ti_A AM-kompakt.
Somit ist Ti_A AM-kompakt und M-schwach kompakt. Aus (18.9) ergibt sich die Kompaktheit von Ti_A. Dies impliziert, daß $\{Tx_n : n \in \mathbb{N}\}$ relativ kompakt in F ist. Da (x_n) in E schwach gegen Null konvergiert, muß $\lim_n \|Tx_n\| = 0$ gelten. Also bildet T schwache Nullfolgen in Norm-Nullfolgen ab und damit ist der Satz bewiesen. ∎

Bemerkung. Nach einem Resultat von N.Ghoussoub ([**Gh**], Thm.IV.3) läßt sich $C[0,1]$ genau dann isomorph in einen Banachverband E einbetten, wenn eine positiver Isomorphismus von $C[0,1]$ in E existiert. Sind in einem Banachverband E alle Ordnungsintervalle schwach kompakt, so folgt hieraus, daß E keinen zu $C[0,1]$ isomorphen Teilraum enthält. Somit erfüllen nach (0.7) alle Banachverbände E mit ordnungsstetiger Norm die Voraussetzungen von Satz 19.4.

Abschließend möchten wir noch ein Resultat erwähnen, welches ebenfalls eine Teilantwort auf das oben gestellte Problem liefert (vgl. [**KaS**], Thm.4.3). Wir erinnern an den Begriff des schwachen Schur-Raums (Definition 15.6).

19.5 Satz. *Sei E ein schwacher Schur-Raum und F ein Banachverband mit ordnungsstetiger Norm. Dann bilden die regulären Dunford-Pettis-Operatoren ein Band in $\mathfrak{L}^r(E,F)$.*

Beweis. Nach Definition 15.6 fallen in E die relativ schwach kompakten Mengen mit den fast ordnungsbeschränkten Mengen zusammen. Hieraus ergibt sich, daß auf E jeder Dunford-Pettis-Operator AM-kompakt ist und umgekehrt. Da die regulären AM-kompakten Operatoren von E nach F ein Band bilden ((18.6)), gilt die Behauptung. ∎

Literaturverzeichnis

[A] R.A. Adams, "Sobolev Spaces", Academic Press, New York, 1975.

[AB1] C.D. Aliprantis und O. Burkinshaw, "Locally Solid Riesz Spaces", Academic Press, New York, London, 1978.

[AB2] C.D. Aliprantis und O. Burkinshaw, *Positive compact operators on Banach lattices*, Math. Z. **174** (1980), 289–298.

[AB3] C.D. Aliprantis und O. Burkinshaw, *On weakly compact operators on Banach lattices*, Proc. Amer. Math. Soc. **83** (1981), 573–578.

[AB4] C.D. Aliprantis und O. Burkinshaw, *Dunford-Pettis operators on Banach lattices*, Trans. Amer. Math. Soc. **274** (1982), 227–238.

[AB5] C.D. Aliprantis und O. Burkinshaw, *Factoring compact and weakly compact operators through reflexive Banach lattices*, Trans. Amer. Math. Soc. **283** (1984), 369–381.

[AB6] C.D. Aliprantis und O. Burkinshaw, "Positive Operators", Academic Press, Orlando, London, 1985.

[BDS] R.G. Bartle, N. Dunford und J. Schwartz, *Weak compactness and vector measures*, Canadian J. Math. **7** (1955), 289–305.

[B1] B. Beauzamy, *Opérateurs uniformément convexifiants*, Studia Math. **57** (1976), 103–139.

[B2] B. Beauzamy, "Espaces d'Interpolation Réels: Topologie et Géométrie", Springer-Verlag, Berlin, Heidelberg, New York, 1978.

[B3] B. Beauzamy, "Introduction to Banach Spaces and their Geometry", North-Holland, Amsterdam, Oxford, New York, 1982.

[Ben] C. Bennett, *Banach function spaces and interpolation methods, I. The abstract theory*, J. Funct. Anal. **17** (1974), 409–440.

[BeL] J. Bergh und J. Löfstöm, "Interpolation Spaces", Springer-Verlag, Berlin, Heidelberg, New York, 1976.

[BKS] Y.A. Brudnyi, S.G. Krein und E.M. Semenov, *Interpolation of linear operators*, J. Soviet Math. **42** (1988), 2009–2113.

[Bu] A.V. Bukhvalov, *Nonlinear majorization of linear operators*, Soviet Math. Dokl. **37** (1988), 4–7.

[CG] V. Caselles und M. Gonzalez, *Compactness properties of strictly singular operators in Banach lattices*, Semesterbericht Funktionalanalysis, Tübingen, Sommersemester 87, **12** (1987), 175–189.

[Ch] P.R. Chernoff, *Optimal Landau–Kolmogorov inequalities for dissipative operators in Hilbert and Banach spaces*, Advances in Math. **34** (1979), 137–144.

[CP] F. Cobos und J. Peetre, *Interpolation of compactness using Aronszajn–Gagliardo functors*, Israel J. Math. **68** (1989), 220–240.

[DFJP] W.J. Davis, T. Figiel, W.B. Johnson und A. Pełczyński, *Factoring weakly compact operators*, J. Funct. Anal. **17** (1974), 311–327.

[DiS] J. Diestel und C.J. Seifert, *The Banach-Saks ideal, I. Operators acting on $C(\Omega)$*, Comm. Math., Tomus specialis in honorem Ladislai Orlicz, **I.** (1978), 109–118.

[Do] P.G. Dodds, *o-weakly compact mappings of Riesz spaces*, Trans. Amer. Math. Soc. **214** (1975), 389–402.

[DoF] P.G. Dodds und D.H. Fremlin, *Compact operators in Banach lattices*, Israel J. Math. **34** (1979), 287–320.

[DuS] N. Dunford und J.T. Schwartz, "Linear Operators Part I: General Theory", Wiley (Interscience), New York, 1958.

[FJT] T. Figiel, W.B. Johnson und L. Tzafriri, *On Banach lattices and spaces having local unconditional structure, with applications to Lorentz function spaces*, J. Approximation Theory **13** (1975), 395–412.

[Gh] N. Ghoussoub, *Positive embeddings of $C(\Delta), L_1, l_1(\Gamma)$, and $(\sum_n \oplus l_\infty^n)_{l_1}$*, Math. Ann. **262** (1983), 461–472.

[GhJ] N. Ghoussoub und W.B. Johnson, *Factoring operators through Banach lattices not containing $C(0,1)$*, Math. Z. **194** (1987), 153–171.

[GMN] G. Groenewegen und P. Meyer-Nieberg, *An elementary and unified approach to disjoint sequence theorems*, Indag. Math. **48** (1986), 313–317.

[GR] G. Groenewegen und A. van Rooij, *The modulus of a weakly compact operator*, Math. Z. **195** (1987), 473–480.

[GuP] J. Gustavsson und J. Peetre, *Interpolation of Orlicz spaces*, Stud. Math. **60** (1977), 33–59.

[H] W. Haid, "Sätze vom Radon-Nikodym-Typ für Operatoren auf Banachverbänden", Dissertation, Tübingen, 1982.

[Ha] K. Hayakawa, *Interpolation by the real method preserves compactness of operators*, J. Math. Soc. Japan **21** (1969), 189–199.

[He] S. Heinrich, *Closed operator ideals and interpolation*, J. Funct. Anal. **35** (1980), 397–411.

[Ja1] H. Jarchow, "Locally Convex Spaces", Teubner-Verlag, Stuttgart, 1981.

[Ja2] H. Jarchow, *On weakly compact operators on C^*-algebras*, Math. Ann. **273** (1986), 341–343.

[Ja3] H. Jarchow, *The structure of some Banach spaces related to weakly compact operators on spaces $C(K)$ and on C^*-algebras*, Conferenze del Seminario di Matematica dell'Università di Bari **216** (1986).

[JaM1] H. Jarchow und U. Matter, *On weakly compact operators on $C(K)$-spaces*, in N. Kalton, E. Saab (eds.), "Banach Spaces," Proceedings of the Missouri Conference, Columbia (USA), 1984, pp.80–88, Springer-Verlag, Berlin, Heidelberg, New York, Tokyo, 1985.

[JaM2] H. Jarchow und U. Matter, *Interpolative constructions for operator ideals*, erscheint in Note di Matematica.

[JMST] W.B. Johnson, B. Maurey, G. Schechtman und L. Tzafriri, *Symmetric structures in Banach spaces*, Mem. Amer. Math. Soc., **217** (1979).

[KaS] N.J. Kalton und P. Saab, *Ideal properties of regular operators between Banach lattices*, Illinois J. Math. **29** (1985), 382–400.

[Kat] T. Kato, "Perturbation Theory for Linear Operators", Springer-Verlag, Berlin, Heidelberg, New York, 2. Auflage, 1976.

[KPS] S.G. Krein, Ju.I. Petunin und E.M. Semenov, "Interpolation of Linear Operators", American Mathematical Society, Providence, 1982.

[Kü] B. Kühn, *Banachverbände mit ordnungsstetiger Dualnorm*, Math. Z. **167** (1979), 271–277.

[Le] D.H. Leung, *On the weak Dunford-Pettis property*, Arch. Math. **52** (1989), 363–364.

[LP] J.-L. Lions und J. Peetre, *Sur une classe d'espaces d'interpolation*, Inst. Hautes Études Sci. Publ. Math. **19** (1964), 31–51.

[LT1] J. Lindenstrauss und L. Tzafriri, "Classical Banach Spaces I. Sequence Spaces", Springer-Verlag, Berlin, Heidelberg, New York, 1977.

[LT2] J. Lindenstrauss und L. Tzafriri, "Classical Banach Spaces II. Function Spaces", Springer-Verlag, Berlin, Heidelberg, New York, 1979.

[LZ] W.A.J. Luxemburg und A.C. Zaanen, "Riesz Spaces I.", North-Holland, Amsterdam, London, 1971.

[M] M. Mastyło, *Interpolation spaces not containing* l_1, J. Math. Pures et Appl. **68** (1989), 153–162.

[Ma1] U. Matter, *Absolutely continuous operators and super-reflexivity*, Dissertation, Zürich, 1985.

[Ma2] U. Matter, *Absolutely continuous operators and super-reflexivity*, Math. Nachr. **130** (1987), 193–216.

[Ma3] U. Matter, *Factoring through interpolation spaces and super-reflexive Banach spaces*, Rev. Roum. Math. Pures et Appl. **34** (1989), 147–156.

[MN1] P. Meyer-Nieberg, *Zur schwachen Kompaktheit in Banachverbänden*, Math. Z. **134** (1973), 303–315.

[MN2] P. Meyer-Nieberg, *Über Klassen schwach kompakter Operatoren in Banachverbänden*, Math. Z. **138** (1974), 145–159.

[MN3] P. Meyer-Nieberg, "Einige Resultate aus der Theorie der Banachverbände und Operatoren I.", Osnabrücker Schriften zur Mathematik, Reihe M, Heft 7, Osnabrück, 1986.

[Ne1] R.D. Neidinger, "Properties of Tauberian Operators on Banach Spaces", Ph.D. Thesis, University of Texas, Austin, 1984.

[Ne2] R.D. Neidinger, *Concepts in the real interpolation of Banach spaces*, in E. Odell, H. Rosenthal (eds.), "Functional Analysis," Proceedings, The University of Texas at Austin, 1986-87, pp.43–53, Springer-Verlag, Berlin, Heidelberg, New York, Tokyo, 1988.

[NeR] R.D. Neidinger und H.P. Rosenthal, *Norm-attainment of linear functionals on subspaces and characterizations of Tauberian operators*, Pacific J. Math. **118** (1985), 215–228.

[Ni1] C. Niculescu, *Absolute continuity and weak compactness*, Bull. Amer. Math. Soc. **81** (1975), 1064–1066.

[Ni2] C.P. Niculescu, *Absolute continuity in Banach space theory*, Rev. Roum. Math. Pures et Appl. **24** (1979), 413–422.

[Ni3] C.P. Niculescu, *Operators of type A and local absolute continuity*, J. Operator Theory **13** (1985), 49–61.

[Pa] B. de Pagter, *The components of a positive operator*, Indag. Math. **45** (1983), 229–241.

[Paz] A. Pazy, "Semiproups of Linear Operators and Applications to Partial Differential Equations", Springer-Verlag, Berlin, Heidelberg, New York, Tokyo, 1983.

[Pe] J. Peetre, "A Theory of Interpolation of Normed Spaces", Notas Mat. No. **39**, 1968.

[Per] A. Persson, *Compact linear mappings between interpolation spaces*, Ark. Mat. **5** (1964), 215–219.

[Pi] A. Pietsch, "Operator Ideals", North-Holland, Amsterdam, New York, Oxford, 1980.

[Rä1] F. Räbiger, *Beiträge zur Strukturtheorie der Grothendieck-Räume*, Sitzungsberichte der Heidelberger Akademie der Wissenschaften, Math.-Naturwiss. Klasse, Jahrgang 1985, 4. Abh., Springer-Verlag, Berlin, Heidelberg, New York, Tokyo, 1985.

[Rä2] F. Räbiger, *Lower and upper 2-estimates for order bounded sequences and Dunford-Pettis operators between certain classes of Banach lattices*, erscheint in E. Odell, H. Rosenthal (eds.), "Functional Analysis," Proceedings, The University of Texas at Austin, 1987-89, Springer-Verlag, Berlin, Heidelberg, New York, Tokyo.

[Ro] R.T. Rockafellar, "Convex Analysis", Princeton University Press, Princeton, 1970.

[Ros1] H.P. Rosenthal, *On subspaces of L_p*, Ann. Math. **97** (1973), 344–373.

[Ros2] H.P. Rosenthal, *Some recent discoveries in the isomorphic theory of Banach spaces*, Bull. Amer. Math. Soc. **84** (1978), 803–831.

[S1] H.H. Schaefer, "Topological Vector Spaces", Springer-Verlag, New York, Heidelberg, Berlin, 3. Auflage, 1971.

[S2] H.H. Schaefer, "Banach Lattices and Positive Operators", Springer-Verlag, New York, Heidelberg, Berlin, 1974.

[S3] H.H. Schaefer, *Positive bilinear forms and the Radon-Nikodým theorem*, in K.-D. Bierstedt, B. Fuchssteiner (eds.), "Functional Analysis: Surveys and Recent Results III," Proceedings of the Conference on Functional Analysis, Paderborn, 1983, pp.135–143, North-Holland, Amsterdam, New York, Oxford, 1984.

[To1] E.V. Tokarev, *Quotient spaces of Banach lattices and Marcinkiewicz spaces*, Siberian Math. J. **25** (1984), 332–338.

[To2] E.V. Tokarev, *Letter to the editor*, Siberian Math. J. **29** (1988), 330–331.

[W] A.W. Wickstead, *Extremal structure of cones of operators*, Quart. J. Math. Oxford Ser.(2) **32** (1981), 239–253.

[Z] A.C. Zaanen, "Riesz Spaces II", North-Holland, Amsterdam, New York, Oxford, 1983.

Sitzungsberichte der Heidelberger Akademie der Wissenschaften
Mathematisch-naturwissenschaftliche Klasse

Die Jahrgänge bis 1921 einschließlich erschienen im Verlag von Carl Winter, Universitätsbuchhandlung in Heidelberg, die Jahrgänge 1922–1933 im Verlag Walter de Gruyter & Co. in Berlin, die Jahrgänge 1934–1944 bei der Weißschen Universitätsbuchhandlung in Heidelberg. 1945, 1946 und 1947 sind keine Sitzungsberichte erschienen.

Ab Jahrgang 1948 erscheinen die „Sitzungsberichte“ im Springer-Verlag.

Inhalt des Jahrgangs 1986:

1. W. Doerr. Hat das Menschengeschlecht eine biologische Zukunft? DM 22,50.
2. G. Schettler. Der Stoffwechsel der Plasmalipoproteine und seine Bedeutung für die Pathogenese der Arteriosklerose. DM 38,–.
3. A. Fröhlich. Tame Representations of Local Weil Groups and of Chain Groups of Local Principal Orders. DM 55,–.
4. W. Doerr. Pathologie in Heidelberg. Stufen nach 1945. DM 14,80.

Inhalt des Jahrgangs 1987/88:

1. H. Schipperges. Eine „Summa Medicinae“ bei Avicenna. Zur Krankheitslehre und Heilkunde des Ibn Sīnā (980–1037). DM 34,80.
2. H. Elsässer. Aktive Galaxien. DM 32,–.
3. W. Rauh. Tropische Hochgebirgspflanzen. Geb. DM 98,–.

G. Stehle, R. Bernhardt. Coronary Risk Factors in Japan and China. Supplement.
Brosch. DM 34,–.

L. Arab, W. Wittler, G. Schettler. European Food Composition Tables in Translation.
Supplement. Brosch. DM 79,–.

G. Schettler (Ed.). Molecular Biology of the Arterial Wall. Supplement. Brosch. DM 42,–.

W. Doerr, H. Schipperges (Hrsg.). Modelle der Pathologischen Physiologie. Supplement.
Geb. DM 108,–.

W. Doerr, G.B. Gruber. Problemgeschichte kritischer Fragen. Angeborene Herzfehler – Schlagaderdifformitäten – Krankheitsbegriff – Homologieprinzip – Ethik. Supplement.
Geb. DM 82,–.

G. Schettler (Ed.). Endemic Diseases and Risk Factors for Atherosclerosis in the Far East. Supplement. Brosch. DM 34,65.

G. Schettler, R.B. Jennings, E. Rapaport, N.K. Wenger, R. Bernhardt (Eds.). Reperfusion and Revascularization in Acute Myocardial Infarction. Supplement. Geb. DM 134,–.

G. Schettler, D. Marmé (Hrsg.). Wachstumsfaktoren und Onkogenprodukte bei Entstehung und Regression der Arteriosklerose. Supplement. Brosch. DM 43,–.

G. Schettler (Ed.). Recent Results of Research on Arteriosclerosis. Supplement.
Brosch. DM 24,–.

L. Arab-Kohlmeier, W. Sichert-Oevermann. Thiaminzufuhr und Thiaminstatus der Bevölkerung in der Bundesrepublik Deutschland. Supplement. Brosch. DM 49,–.

H. Schipperges. Die Entienlehre des Paracelsus. Aufbau und Umriß seiner Theorie. Supplement.
Geb. DM 68,–.

W. Doerr, H.-J. Pesch (Hrsg.). Pathomorphose. Änderungen der Pathologie, dargestellt am Gestaltwandel einiger Krankheitsbilder. Supplement. Geb. DM 68,–.